救国与救民：民国时期工业废水污染及社会应对

——基于嘉兴禾（民）丰造纸厂“废水风潮”的研究

梁志平　著

合肥工业大学出版社

本研究得到以下课题项目的资助：

教育部人文社会科学研究青年基金项目“开埠以来江南城市水质环境变迁与饮水改良(1840—1980)”(项目编号:12YJC770035)

上海市哲学社会科学“十二五”规划一般课题“饮用水管理与上海城市政治空间的生产(1840—1949)”(项目编号:2014BLS003)

浙江省高校重大人文社科攻关计划项目“一百多年来太湖流域水域环境改造及社会生态影响”(项目编号:2014GH001)

序　言

这是志平第二本关于江南水环境历史的著作。

志平早年求学于复旦大学历史地理研究所，曾致力于近代江南水环境变化的研究。水环境是江南最重要的环境要素。古代江南的水环境变化由农业开发和水土流失引起，产生的后果是湖泊与河道的淤积、城乡和农业的变化。近代水环境的变化源于工业化污染，这种变化的影响之大，对水乡生活改变之深，远远大于古代。近代变化所产生的社会影响，不单具有学术价值，也具有相当的现实意义。

太湖以东的长江三角洲地区是经典的江南区，最近1000年以来，此区以苏杭二城为核心，以运河市镇群为附属的网络体系，以发达的集约化可持续农业为基础，展现了中国最精彩的生活与文化。太湖水流在传统时代是较为清洁的，水流入太湖，泥沙沉淀后出太湖，太湖本身对水流有清洁的作用。出太湖后的水流经历布满水生植物的河湖滩地，愈加清洁。水流在低地溢流而行，滋润着江南稻田，供应了居民的生活用水。苏

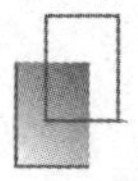

杭二市和市镇群的民众赖此清洁水源生活，农民依此清洁的水流种植水稻，栽桑养蚕。丝织业生产也离不开清洁的水源。农业与手工业系统对水环境和生态环境的影响有限，农村环境与生活的稳定性非常高。

近代上海的兴起是中国外向发展的一个新节点，随着新兴工业对传统产业的替代，新产业对传统的生活环境也产生了挑战。新产业具有传统产业没有的生产聚集性，也形成大量的污染。近代江南民众与乡绅对新工业的污染是敏感的，他们试图用传统手段抵挡污染扩展，但到了后期，随着国家与集体对工业化的高度重视和加强，污染区域只能越来越大，程度也越来越强。现代的江南，和其他最悠久的历史区域一样，水污染程度非常之高。

从文明的进程看这个问题，江南和中华最为传统的居住区应该仍然会恢复以前的生活状态，污染也必然会被治理。江南水环境历史，很大程度上决定了江南地区的生活史和社会活动史，环境治理问题已经形成了越来越广泛的社会共识。水环境问题不单将决定着江南经济的发展，也关乎生态文明的继承与发展。内藤湖南在《古之满洲与今之满洲》中提出一个观点，得到了学术界广泛的认可。这就是，一个地区前代文明与继起文明的中心区，高度重合；城市文明在前一个时期中断后，后一时期的人们仍然选择前代的中心城市重复原来的生活①。

东北如此，华北与江南也如此，最适宜生活的城市区域和人口密集度最高的区域，长期以来没有大的变化。江南的核心

---

① ［日］内藤湖南著，林晓光译：《东洋文化史研究》，上海：复旦大学出版社，2016 年，第 239—249 页。

城市及其主要的交通网络覆盖区，是最适宜生活的区域。北方的朝廷不断更替，江南的生产与生活中心区并没有发生大的变化。近代上海的兴起，是对传统中心区的一次偏离，这只是近代开放时代的一个例外，一旦中国与国外的交流达到一定程度的平衡以后，传统的生活中心又将回归到原来的核心地区。即生活与文明的中心，仍然要以苏杭为核心，以水网区市镇体系为依托。江南文明复归，将展现出强大的力量。中国中部地区的崛起，也与此类似。这种文明的进程，或早或晚，都将发生。复归的速度，与生态环境，特别是生活环境的恢复有很大关系。苏杭和江南运河市镇体系地位的上升，与水环境的治理存在着莫大的关系。水环境治理的水平，将决定这一江南文明的复归速度。

长三角水网区正在发生的事情，在民国时期是以相对少的个案形式出现，而在新的时代，则通过各种形式大量地爆发出来，涉及国家与地方、各种人群与社区等复杂关系。这本书非常翔实地展现了这些围绕着水环境污染所开展的社会活动，值得现代环境治理者参考。志平的这本书，为江南文明的伟大复兴，贡献了力量。

王建革

2016 年 12 月 2 日

目　录

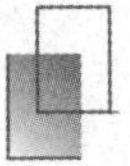

图表索引

图　目

表　　目

绪　论

一、研究缘起

改革开放以来，伴随着中国经济的高速发展，人口、资源、环境和社会发展问题日益凸现，学界对环境变迁与人类社会之间的互动关系越来越重视。

江南生态环境的核心问题是水环境问题，丰富的水环境形成了丰富的生态与文化内涵。江河湖沼等地表水，自古以来就是江南民众日常生活和饮用水源，取用极为方便。在传统时代，再大的生态压力都难以摧毁生态系统的水环境基础，但20世纪的工业化做到了[①]。

江南地区是中国最早进入工业化和城市化的地区，直到今天，它仍然是中国经济最为发达的地区。换一种表达，也就是说江南地区是中国最早被污染的地区，因为全面的污水处理等环保系统至今还没有完整而系统地建立起来。水质环境变化，社会如何应对，值得关注。

① 王建革：《江南环境史研究》，北京：科学出版社，2016年，第584—586页。

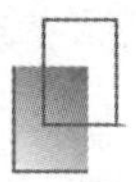

2007 年，笔者跟随张伟然先生念博士，在先生指导下，选择长江三角洲的水质环境变迁作为博士论文研究方向，这促使我开始思考开埠以来江南水质环境变迁的原因及社会应对，并以饮用水问题为切入点展开研究。2014 年，拙著《水乡之渴：江南水质环境变迁与饮水改良（1840—1980）》（以下简称《水乡之渴》）由上海交通大学出版社出版。正如先生在序言中指出，这本书最好看作“一个阶段性成果”，关于江南水质环境变迁问题还有很多方面需要花大力气深挖。

《水乡之渴》一书的确只是一个概括性的初步研究，诸多问题只能算破题，极不深入。在完成该书之后，笔者开始思考并寻找下一个突破口，这时想到了《水乡之渴》一书中指出的“工业废水”是造成开埠以来江南水体崩溃的根本原因。在改革开放以前，绝大多数工业废水没有经过任何处理，直接排入河道，而地表河浜是江南居民的饮用水源，工业废水直接排入民众饮水河道，肯定会引起一系列反应。探讨中国工业化早期的污染与社会应对，是一个既有历史意义又有现实意义的话题。

工业污染问题并不是新中国成立后才出现的新事物，民国时期在一些地区、一些行业已经比较严重，只是许多人囿于民国时期中国工业发展落后的固有观念而缺少深度关注。其实，在中国工业化初期，特别是民国时期，一些轻工业，如造纸、印染、纺织等，在沿海一些城市发展迅速，不可避免地产生了污染问题，甚至还比较严重。以造纸业为例，在抗战前夕，全国（东北除外）共有机器造纸

厂32家，年生产能力约为65447吨，而其中有10家分布在上海，占产能的39.97%，纸浆废液污染严重[①]。

选择造纸业进行个案研究，是考虑到制浆造纸工业是民国时期发展较快的行业，且耗费水源十分巨大，生产1吨纸张的总耗水量通常超过100立方米[②]。同时，造纸业又会产生大量污染，在生产过程中会产生废水、废气、废渣和噪声，特别是产生的生产废水是一种典型的高污染、高耗氧、难生化降解的有机废水。

据统计，2009年，我国造纸工业每年废水排放量40多亿吨，约占全国工业废水排放总量的20%，废水中COD（化学需氧量）和氨氮的排放量分别占全国工业COD和氨氮排放总量的28.9%和11.2%，其中COD排放量成为我国工业行业的第一排放大户[③]。

造纸原料经碱法蒸煮后，排出的碱性废水呈深褐色，称"黑液"，含有大量有机物，色度需几万倍水稀释，化学耗氧量、生化耗氧量都很高[④]。造纸制浆过程中产生的大量黑液未经处理排入江河，对我国水环境构成严重的污染，严重破坏了自然生态环境的平衡。

嘉兴禾丰造纸厂沿平湖塘角里河段而建，必然会对当

---

① 徐新吾主编：《中国近代造纸工业史》，上海：上海社会科学院出版社，1989年，第53、65页。

② 劳嘉葆主编：《造纸工业污染控制与环境保护》，北京：中国轻工业出版社，2000年，第64页。

③ 孙德智、张立秋等编著：《制浆造纸行业全过程降污减排技术与评估方法》，北京：中国环境科学出版社，2012年，第1页。

④ 杨慕曾编：《上海造纸志》，上海：上海社会科学院出版社，1996年，第108页。

地水环境产生极大的影响。平湖塘起自嘉兴市区，经平湖北折入上海境内，在嘉兴市域内全长48.83千米。全线分上下两段，上段名平湖塘，长28.79千米，河底高程-0.2米，底宽39.3米，5米高程时河宽平均为60.6米，边坡1：2.3。该段水流东偏南流向，与水位等值线交角甚小，再加上平湖城镇阻水严重，汛期泄量不多①。

因受黄浦江潮水顶托影响，平湖塘历年都有逆流现象出现。据给水分厂1984—1996年的实测统计，由于平湖塘水流逆向流动，污水倒灌入角里河，直接影响汲水口水质天数年平均为26天，其最多年份为76天（1992年、1994年），最少年份为2小时（1993年）②。

平湖塘的水环境特点决定了一旦造纸厂排放的废水量大，将对下游水环境产生重大影响。造纸厂下游的东栅镇是废水影响的最主要区域（图1），自1925年禾丰造纸厂建成之后"废水风潮"不断："工厂自民国14年（1925）投产后，因缺少治理污染的有效措施，造纸废水流入河道，对农业、渔业和人民生活用水都造成一定危害。因此，引起下游集镇民众、乡村农民、水上渔民的不满，常与工厂发生纠纷。"③

---

① 嘉兴市计划委员会、嘉兴市国土办公室编：《嘉兴市国土资源》，杭州：杭州大学出版社，1994年，第38—40页。

② 《民丰志》编纂委员会编：《民丰志（1923—1996）》，北京：中华书局，1999年，第1—2页；太湖流域感潮区范围可参孙景超：《技术、环境与社会：宋以降太湖流域水利史的新探索》，复旦大学博士学位论文，2009年，第63页。

③ 《民丰志》编纂委员会编：《民丰志（1923—1996）》，北京：中华书局，1999年，第265页；按，自1923年选址角里街就遭到当地民众反对，详见后文。

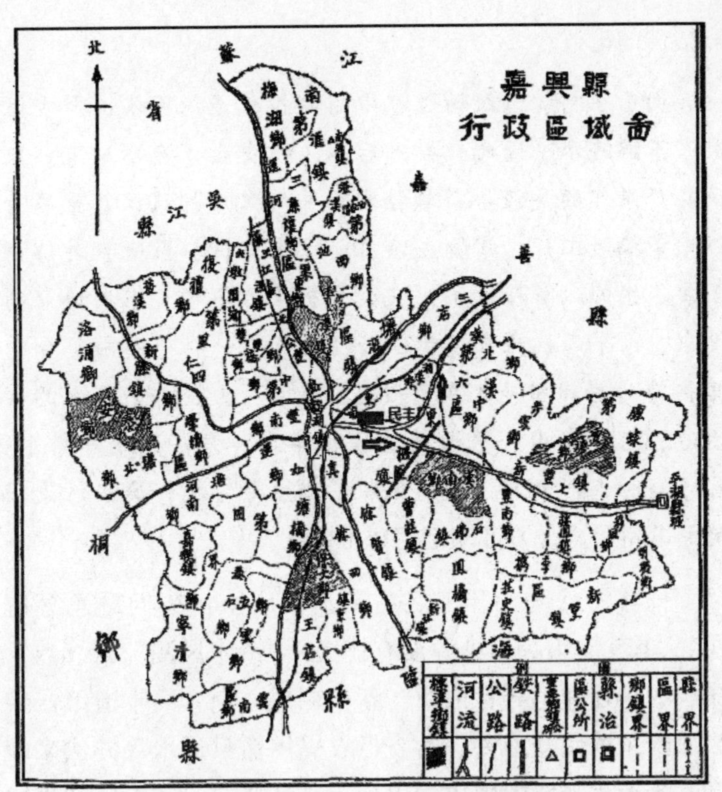

图 1　“废水风潮”涉及的主要乡镇：东栅、塘汇

注：(1) 资料来源：冯紫岗编：《嘉兴县农村调查》，国立浙江大学、嘉兴县政府，1936 年。(2) 加“斜线”乡镇为本书“废水风潮”涉及的最主要的两个乡镇：东栅、塘汇；“箭头”为水流方向。

当地民众“常与工厂发生纠纷”，一个“常”字，说明废水问题的严重性与长期性。也许因为“废水风潮”被视为禾（民）丰造纸厂发展过程中的污点，所以被人们选择性遗忘。上述《民丰志》对此讲得甚为简略，且在有关禾（民）丰厂的文史资料中基本避而不谈，除了杨鑫海有一段

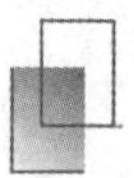

概括性的论述：

由于在制浆造纸的过程中需要排放造纸污水，严重污染了下游河水。因此，投产后不久便发生了废水风潮。农民在厂东邻的吴泾桥筑坝挡水，并向工厂抗议，甚至举着铁耙来捣毁工厂。褚辅成亲自前往东栅镇与当地乡绅协商解决。经苦心解释说服，农民才拆除拦河坝。根据协商的要求，禾丰厂就在东塔寺以西（现民丰一村范围内）和甪里街河对岸租田地124.7亩，掘成两个大坑作为黑水的蓄水池，河对岸用一根大铁管从北岸驾（架）到南岸排水。由于当时工厂只有一台造纸机，排水量不大，废水污染问题总算解决，工厂才顺利得以继续生产①。

杨鑫海认为，开工之后不久“废水污染问题总算解决”，其实，因为污染源没有解决，“废水风潮”持续数十年，纠纷处理也异常曲折。新中国成立前，民丰造纸厂曾采取给东栅民众打井、给乡村农民用船只送水等办法来缓和吃水矛盾。新中国成立以后，在维持向受害农民和渔民给予一定经济补偿的同时，一直努力寻找解决废水污染的出路。但是，由于国内尚无治理碱法草浆造纸废水的工艺和设备，诸多办法因受各种条件的限制，“均不能从根本上解决废水的危害”②。

---

① 杨鑫海：《褚辅成创办禾丰造纸厂》，《嘉兴市文史资料》第3辑《褚辅成专辑》，杭州：浙江人民出版社，1991年，第62、63页。按：笔者暂未找到史料显示褚辅成亲自出面调解。

② 《民丰志》编纂委员会编：《民丰志（1923—1996）》，北京：中华书局，1999年，第265页。

拙著《水乡之渴》曾对民国时期工业废水污染问题，特别是嘉兴禾（民）丰造纸厂“废水风潮”有过一定的论述[①]，然而当时限于精力与能力，对“废水风潮”论述得极为粗浅，甚至还有错误。近两年，通过进一步查找和收集资料，笔者发现嘉兴禾（民）丰造纸厂“废水风潮”的发展过程极为曲折而复杂，系统梳理与分析“废水风潮”，可以窥探民国时期的工业废水污染与社会应对状况，探讨当时政府、民众、厂方的生态环境意识。

选择嘉兴禾（民）丰造纸厂进行个案研究，还有以下两点原因：一是嘉兴禾（民）丰造纸厂是嘉兴角里河最主要的工厂，自建厂以来不断扩张，虽多次改名，但没有搬迁（图1、图3），可以确定一直是角里河最主要的污染源，矛盾冲突明确；二是围绕嘉兴禾（民）丰造纸厂废水排放问题而产生的“废水风潮”，自1923年准备设厂以来就有发生，一直到20世纪80年代，持续了60多年，报纸、杂志、档案等有着大量记载，众多故事可以发掘。

二、学术回顾

1995年，刘翠溶与伊懋可（Mark Elvin）合编的《积渐所至：中国环境史论文集》[②]，提出了研究中国环境史的诸多方法，并给出了实证研究，这是第一部明确注明为“中

① 梁志平：《水乡之渴：江南水质环境变迁与饮水改良（1840—1980）》，上海：上海交通大学出版社，2014年，第146—149页。

② 刘翠溶、伊懋可（Mark Elvin）主编：《积渐所至：中国环境史论文集》，台北：“中央研究院”中国文哲研究所筹备处，1995年。

国环境史”研究的重要论著，被誉为中国环境史的开山之作。自此之后，环境问题、生态问题逐渐成为国内史学界关注的热点之一，复旦大学、陕西师范大学、南开大学、中国人民大学、云南大学等高校分别建有环境史或生态史研究中心，在研究理论、方法、内容诸方面成果显著，有力地推动了中国环境史研究的发展。

新时期，环境史研究如何进一步突破，国内外学者都在思考。美国学者约翰·麦克尼尔（J. R. McNeill）按照研究内容，将环境史研究分为物质环境史、政治环境史（含政策性环境史）、文化环境史。物质环境史是关于人类与森林、青蛙、霍乱以及氯氟化碳之间关系的故事。这种形式的环境史研究将人类历史置于地球与地球上的生命这一更广阔的背景之中，认为人类的活动只不过是这个宏大故事的一部分，以寻找最长时间段内的历史发展周期性模式。绝大多数物质环境史研究关注的时间段都放在 200 年前，即工业革命前。国内大多数环境史应该属于此类研究。

政治环境史及政策性环境史，涉及人类自觉调整自身与大自然之间，以及社会团体与自然环境之间关系的历史，如人类在水土保持、控制污染、开发利用土地和各种矿产资源方面的努力。对资源的争夺同人类历史一样古老，但一直到 19 世纪末，一些国家和社会才开始全面而系统地采取措施去调整它们与自然环境之间的关系，只是这些努力通常时断时续，并且成效非常有限。因此，此类研究可称政策性环境史，而 1965 年之后的则可称为政治环境史。

文化环境史关注以往人们怎么思考、信仰、书写以及如何描画、雕刻、歌唱人类社会和大自然之间的关系[①]。

在总结归纳基础上，约翰·麦克尼尔指出环境史有待进一步研究的六大问题，其中第四点为："1960 年以来东亚地区的工业化及其对环境的影响是当代最重要的环境变迁之一。"[②]

按照约翰·麦克尼尔对环境史研究的分类，笔者发现中国政治环境史研究大有可为。在缺少环境意识与环境保护措施的年代，毫无疑问，工业化对环境的影响要超过以往任何时代。也许正因如此，英国学者穆盛博（Micah Muscolino）认为研究民国时期的环境问题，"要转向工业史和技术史"；甚至，一些历史学家（Maritin Reuss，Stephen H. Cutcliffe）建议把工业史和技术史合并成一个新的门类"环境科技史"[③]。

工业化首先在西方国家完成，工业污染问题也相伴而生，西方学者较早关注工业化对生态环境的影响。1962 年，美国海洋生物学家蕾切尔·卡逊（Rachel Carson）推出《寂静的春天》一书[④]，被视为现代环境保护的肇始。该书通过充分而科学的论证，说明杀虫剂（DDT）不仅可以毒杀害虫，也能毒害整个自然，包括人类，并会由此引发一

① ［美］约翰·麦克尼尔（J. R. McNeill）著，王晓辉译：《环境史研究现状与回顾》，《全球史评论》，2011 年第 1 期，第 5、6 页。

② ［美］约翰·麦克尼尔（J. R. McNeill）著，王晓辉译：《环境史研究现状与回顾》，《全球史评论》，2011 年第 1 期，第 38 页。

③ ［美］濮德培：《中国环境史研究现状及趋势》，《江汉论坛》，2014 年第 5 期，第 39 页。

④ ［美］蕾切尔·卡逊（Rachel Carson）著，吕瑞兰译：《寂静的春天》，北京：科学出版社，1979 年。

系列生态灾难。正是《寂静的春天》这本书，引发了世界范围内公众对环境问题的关注。近年来，中国环境科学出版社组织出版的“国际环境译丛”，就翻译了数种工业化与环境变迁的著作[①]。

对于中国工业化带来的水污染问题，国内外学者极为关注，如马立博[②]、张根福[③]等，但其主要视域放在新中国成立后，特别是改革开放后。这是有道理的，此时工业污染显而易见，社会各界都非常关注。至于民国时期工业污染问题，在城市史、疾病史、环境史、工业史相关研究中往往会有所涉及，但也许因为民国时期中国工业整体发展水平有限，学界对其缺少具体而深入的研究。就笔者管见所及，仅见胡孔发在其博士论文《民国时期苏南工业发展与生态环境变迁研究》[④] 中，对民国时期工业污染问题有较为系统的阐发，但也是概述性的。

具体到民国时期嘉兴禾（民）丰造纸厂的“废水风

---

① 如：［美］马克·乔克著，于君译：《莱茵河：一部生态传记（1815—2000）》，北京：中国环境科学出版社，2011 年；［英］布雷恩·威廉·克拉普著，王黎译：《工业革命以来的英国环境史》，北京：中国环境科学出版社，2011 年；［澳］杰弗里·博尔顿著，杨长云译：《破坏和破坏者：澳大利亚环境史》，北京：中国环境科学出版社，2012 年；［美］布雷特·雷·沃克著，徐军译：《毒岛：日本工业病史》，北京：中国环境科学出版社，2012 年；等等；亦可参考［美］约翰·麦克尼尔（J. R. McNeill）著，韩莉、韩晓雯译：《阳光下的新事物：20 世纪世界环境史》，北京：商务印书馆，2013 年。

② ［美］马立博（Robert B. Marks）著，关永强、高丽洁译：《中国环境史：从史前到现代》，北京：中国人民大学出版社，2015 年。

③ 张根福、冯贤亮、岳钦韬：《太湖流域人口与生态环境的变迁及社会影响研究（1851—2005）》，上海：复旦大学出版社，2014 年。

④ 胡孔发：《民国时期苏南工业发展与生态环境变迁研究》，南京：南京农业大学博士学位论文，2010 年。

潮”，虽然持续数十年，《申报》也曾连续10余年持续报道，影响极大，但是也许因为污染问题被视为民族工业发展的污点，所以一直以来缺少相关研究，直到前些年嘉兴地方文史专家薛家煜才进行了一些研究。2003年，薛家煜撰有《一河清水起风波》一文，第一次对嘉兴禾（民）丰造纸厂“废水风潮”过程进行了简要的描述①，粗略展现了被遗忘的“废水风潮”。新近，在《图书东栅》一书中，薛家煜影印了4张当时《申报》对“废水风潮”的报道，并进行了一些解释说明②。年近七旬的薛家煜系嘉兴东栅人，是“废水风潮”亲历者，长期致力于东栅文史研究。这为笔者进一步研究民国时期嘉兴禾（民）丰造纸厂“废水风潮”相关问题奠定了极好基础。

三、史料来源

一个厂的“废水风潮”能否支撑一本书的容量，这与史料的丰富程度有很大的关系。本书主要的研究资料有以下四类：

（一）档案

嘉兴禾（民）丰造纸厂是一家拥有近百年历史的老工厂，肯定会留下相关档案。笔者曾多次赴嘉兴市档案馆、湖州市档案馆、杭州市档案馆、浙江省档案馆，以及民丰

① 薛家煜：《一河清水起风波》，《南湖晚报》，2003年10月11日，后收入薛家煜著：《寻找东栅》，上海：上海辞书出版社，2009年，第48—50页；惜，拙著《水乡之渴》在相关研究中没有关注到此文。

② 薛家煜：《黑水风波》，收入薛家煜编撰：《图说东栅》，嘉兴：吴越电子音像出版社，2016年，第16—18页。

造纸厂档案情报所查找并收集民国档案，最终收集到了不少相关档案，由此构成了本书写作的重要资料。特别是抗战胜利后的“废水风潮”有较为完整的档案，且这些档案是价值高的“过程文件”而不是“结果文件”[①]，包括各种申述、情况反映、上级批复、仲裁等等。

需要注意的是，随着近几年档案的电子化，有些档案馆会对档案目录重新编排。如，嘉兴市档案馆的民国档案基本实现电子化，档案目录与笔者2008年查询时已有一定区别：全宗号前增加“L”，目录号加“00”，案卷号有的有变化，并增加页号，因此相同档案的档号会与拙著《水乡之渴》一书中有区别，特此说明。

不过，在档案查找方面，也有缺憾。民丰造纸厂在1960年以前，档案资料未设立专职管理机构，所有文书、技术资料均由各有关科室保存。1960年成立档案室，1996年改称档案情报所。至1996年年底，库藏档案14436卷，其中文书档案2475卷、会计档案案7117卷、科技档案3796卷、产品档案391卷、经营档案657卷。这些案卷中属于永久性保存的1767卷，长期保存的5455卷，短期保存的7165卷。另有荣誉档案456份，照片820张，录音、录像带4盘，底图55894张，保存资料共21736册，科技图书

① 曹树基在研究地权结构时，将相关档案分为“过程文件”和“结果文件”，“结果文件”是各类总结报告，“过程文件”则记录有土地改革过程中的各种申述、情况反映、上级批复与仲裁案例等，其史料价值要比“结果文件”更高。参见曹树基、刘诗古：《传统中国地权结构及其演变》，上海：上海交通大学出版社，2015年修订版，第2、3页。

1.6万册，期刊800本，检索目录175本[①]。由于民丰造纸厂档案情报所系厂内自设档案室，同时涉及产品保密等问题，并不对外开放，笔者虽经嘉兴市图书馆范笑我陪同进入民丰造纸厂档案情报所和厂史展览馆，但也只看到少量与本书不大相关的档案、图书。经询问情报所负责人邬见明，得知该所只有少量民国档案资料用于出版《民丰志》和办厂史展览馆，并无“废水风潮”相关档案。到底有没有相关档案，笔者存疑。“废水风潮”被视为民丰造纸厂发展史上的污点，《民丰志》对“废水风潮”的记载极为简略，但笔者在嘉兴市档案馆还是查到了数份民国时期民丰造纸厂与嘉兴县政府相关部门围绕“废水风潮”的往来文书，也许民丰造纸厂档案情报所还有少量相关档案。

（二）报纸杂志

民国时期报纸杂志，可谓浩如烟海，不过，近年来，随着电子化的逐步实现，为收集查找资料提供了极大的方便。限于精力，笔者主要利用了四大类报纸杂志查询系统：《申报》查询系统、上海图书馆开发的《全国报刊索引数据库》和民国时期期刊全文数据库（1911—1949）、国家图书馆民国报刊数据库，以及嘉兴市档案馆、湖州市档案馆、浙江省档案馆收藏的相关报纸杂志。

通过查找，笔者找到大量资料，特别是《申报》对1935年之前禾（民）丰造纸厂的“废水风潮”进行了持续的追踪报道，正好弥补了民国档案的缺失，让还原1923年

① 《民丰志》编纂委员会编：《民丰志（1923—1996）》，北京：中华书局，1999年，第308、309页。

至1934年的“废水风潮”发展过程有了可能。

不过，在1934年之后，报纸杂志很少报道民丰造纸厂“废水风潮”相关内容，《申报》也不再报道。原因可能是鸦片战争以来，在西方列强的不断掠夺和侵略下，中国国力逐渐衰弱，到了亡国灭种的边缘，“中国向何处去”成为先进中国人必须解答的首要问题。于是，革命救国、实业救国、教育救国、科学救国、学术救国、军事救国等多种救国方案应运而生[①]，“实业救国”思潮成了中国近代主要的社会救亡思潮之一。在这样的社会背景下，“废水风潮”显然是“不和谐”的杂音。

这里需要说明的是，民国时期报纸杂志的电子化、汇编确实为资料的查找与检索带来了极大的便利。但是，由于数据库及检索系统设计限制，有些内容，如广告、公告，在《申报》查询系统中便无法检索到。1926年7月29日，《浙江嘉兴东栅人民对于禾丰纸厂泻放毒水泣告》[②]，刊登在当日《申报》头版广告栏位置，这是一条极为重要的史料，是“废水风潮”的一个高潮，然而在《申报》查询系统中便无法检索到；同时在嘉兴市档案馆、嘉兴市档案学会合编的《〈申报〉嘉兴史料》[③]《〈申报〉嘉兴史料集萃》[④]两

① 敖文蔚，见蔡双全：《近代中国实业救国思潮研究》，北京：中国社会科学出版社，2011年，“序一”。

② 《浙江嘉兴东栅人民对于禾丰纸厂泻放毒水泣告》，《申报》，1926年7月29日，上海：上海书店影印版，第225册第703页，简称（225）703，全书同。

③ 嘉兴市档案馆、嘉兴市档案学会编：《〈申报〉嘉兴史料》（第六辑），香港：香港新世纪出版社，2000年。

④ 嘉兴市档案馆、嘉兴市档案学会编：《〈申报〉嘉兴史料集萃》，北京：中共党史出版社，2008年。

书中也没有收入，且这两部资料汇编在文字、出处等方面多有错误。

此外，还有一些地方性报纸杂志没有收入相关数据库，而它们对于地方史研究也极为重要，如《嘉兴商报》《嘉兴新报》《嘉兴民报》《嘉兴日报》《大浙江报》等等。

(三) 文史资料、方志

禾丰造纸厂由中国近代风云人物褚辅成创办，其历史有近百年，被视为中国民族工业典型代表。禾（民）丰造纸厂的一些亲历者，撰写了不少有关该厂历史的资料，同时民丰造纸厂还编修了厂志，这对了解禾（民）丰造纸厂的发展历程极为重要。不过，也许他们视“废水风潮”为“实业救国”的杂音，所以对于“废水风潮”要么不提，要么记载得极为简单。

(四) 访谈调研

按照历史人类学、社会史研究方法，进行个案研究一定要走进田野。嘉兴禾（民）丰造纸厂“废水风潮”距离现在时间不算太长，还有一些事件亲历者在世。笔者曾多次去嘉兴调研，但收获不大，原因主要有两点：一是在快速城市化进程中，受纸厂废水污染影响最深的东栅镇镇区已在21世纪初被拆除；二是语言交流困难，笔者老家湖北，紧邻河南，属中原官话区，虽然已在上海生活10多年，但听起吴语来还是十分困难。

幸而，笔者在第6次调研时遇到了嘉兴地方文史专家薛家煜。年近七旬的薛家煜系嘉兴东栅人，亦是“废水风潮”的见证者。最近20多年，薛家煜致力于东栅文史研究，收集了极为丰富的档案文书、影像照片等，并进行了一系列访谈调查，为东栅保存了难得的口述史记忆。毫不夸张地说，薛家煜收集整理的东栅资料就是一部近现代东栅社会生活史。薛家煜已将相关内容汇编成《寻找东栅》《图说东栅》两本书，“废水风潮”就是其关注点之一。

在得知笔者研究民国时期嘉兴禾（民）丰造纸厂“废水风潮”后，薛家煜不仅告诉笔者有关“废水风潮”的各种故事、人物关系等，还提供了他收集的“废水风潮”地方性资料，包括访谈调研记录，从而弥补了资料和档案的缺失，让笔者可以更加充分地了解民国时期东栅社会状况，更加真实地还原民国时期嘉兴禾（民）丰造纸厂“废水风潮”的历史过程。

例如，对“废水风潮”中的重要人物“徐聚兴”的解读。“徐聚兴”曾两次呈诉省政府相关部门，要求解决纸厂废水问题。《申报》中称“商号徐聚兴”①，笔者以为“徐聚兴”可能是“店号”名而非人名。不过，之后在《浙江民政月刊》《浙江省政府公报》中却称“民人徐聚兴”②，让我又确信“徐聚兴”为人名③。然而，根据薛家煜的调研，“徐聚兴”实为“店号”，业主为“徐觉生”（图2）。

---

① 《纸厂泻水问题之近讯》，《申报》，1926年6月26日，(224) 618。

② 《令嘉兴县县长呈一件民人徐聚兴等呈诉竟成纸厂泄放毒水妨害公众饮料请派专员查勘饬令停止改良以维民命由》(1928年12月)，《浙江民政月刊》第1卷第14期《公牍·卫生》，1929年，第158页；《浙江省政府公报》，1929年第510期，第7页。

③ 梁志平：《水乡之渴：江南水质环境变迁与饮水改良（1840—1980）》，上海：上海交通大学出版社，2014年，第147页。

若无薛家煜的帮忙，笔者肯定会将“徐聚兴”视为人名的。

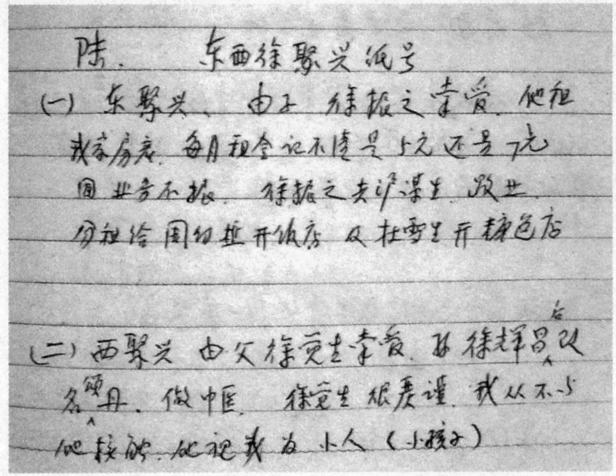
陈。东西徐聚兴纸号

(一) 东聚兴、由子徐振之掌管。他租我家房屋。每月租金记不清是5元还是7元。因业务不振。徐振之去沪谋生。殁世。分租给周幼挺开饭店及杜雪生开棉包店

(二) 西聚兴 由父徐觉生掌管。孙徐辉昌后改名顺丹。做中医。徐觉生很严谨。我从不与他接触。他视我为小人（小孩子）

图2　薛家煜调研访谈资料：“东西徐聚兴纸号”

当然，利用访谈调研资料一方面能极大丰富相关研究，但引用时也需注意，毕竟访谈对象大都为老年人，其记忆的准确性需要具体分析，特别是对人物、时间、地点的记忆。

四、主要内容

政治环境史或者政策性环境史研究在中国还是一个较新的提法，本书也算不上严格意义上的政策性环境史研究，只是从这一视角来探讨在中国工业化初期重污染行业（造纸业）产生的污染问题，以及其对环境与社会生活的影响，特别是企业、政府、民众三者之间的矛盾与纠纷，在此基础上总结归纳当时工业污染的治理状况及社会环境意识。

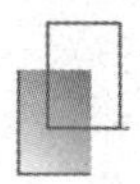

本书首要研究目标是详细展现民国时期禾（民）丰造纸厂“废水风潮”。按照禾（民）丰造纸厂发展历程及相关内容，全书分为六章。

第一章，介绍禾（民）丰造纸厂发展历程、生产产品和生产工艺，分析当代造纸工业主要废水处理过程与禾（民）丰造纸厂废水处理历史。

第二章，梳理分析禾丰造纸厂时期（1923—1927）“废水风潮”相关问题。本章分别论述“废水”排放与禾丰造纸厂选址的波折，厂方、官方、民众在禾丰造纸厂投产后围绕着“废水”妨碍饮用水问题的斗争，然后结合当时国内纸版业的生产状况，指出“废水风潮”虽给禾丰造纸厂生产带来一定影响，但该厂破产停业的根本原因在于国内纸版生产严重过剩，同业竞争激烈。

第三章，梳理分析竟成造纸厂租赁时期（1928—1929）“废水风潮”相关问题。1928 年，竟成造纸厂租赁停业的禾丰造纸厂，准备垄断中国纸版业。但由于持续不断的“废水风潮”，加上扩张过快过大，在禾丰造纸厂产权争夺战中，竟成造纸厂最终败给民丰造纸厂。

第四章，梳理分析抗战前（1930—1937）民丰造纸厂“废水风潮”相关问题。民丰造纸厂在接办禾丰造纸厂后，通过成立“国产纸版联合营业所”，制造薄白版纸和卷烟纸，逐步确立了在国内造纸业的领导地位，成为“国货”的代表、“实业救国”的典型。不过，由于生产规模扩大，排污加重，同时受严重干旱的影响，1934 年，该厂爆发了大规模的“废水风潮”。但此时民丰实力雄厚，通过解决受影响民众供水问题，以及拉拢媒体，迅速平息了“废水风潮”。

第五章，梳理分析抗战后（1945—1949）民丰造纸厂的“废水风潮”相关问题①。抗战胜利后，民丰造纸厂通过利用各种官商关系，迅速恢复生产。生产的恢复意味着污染重新开始，最终在1947年再次爆发了“废水风潮”，民丰造纸厂不得不再次改善受影响民众的供水；同时，为解决废水出路问题，避免其直接入河污染饮用水源，民丰造纸厂力推“废水灌田”。

第六章，概括民国时期江南地区其他工业部门废水污染与社会应对情况，借以分析当时工业废水污染与处理的整体概况。

在前面六章分析基础上，本书得出以下结论：在民国时期，“工业废水”并不被视为“环境”问题，只因为其污染了民众饮用水源而成为“民生”问题；在“实业救国”的大背景下，工业废水一直没有从源头上得到治理，“废水灌田”是饮鸩止渴，造成了污染的扩散；新中国成立后较长一段时间内，我们有关工业发展与污染治理的思路在本质上与民国时期并无二致。

至于本书附录的作用：附录一《民国时期嘉兴禾（民）丰造纸厂大事记》，是为便于读者更好地了解“废水风潮”

---

① 按：抗日战争期间，受战争影响，民丰造纸厂被日本人占领，受到一定程度的破坏，开工时间不长（参见金志朗、沙咏源：《民丰、华丰两造纸厂简史》，《中华文史资料文库》第12卷《工业》，北京：中国文史出版社，1996年，第840—853页），且笔者没有查到这一特殊时期“废水风潮”的相关记载。

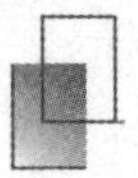

发生的背景；附录二收入薛家煜《一河清水起风波》一文，该文是第一篇较完整叙述“废水风潮”的文章，同时它是在大量调查访谈基础上写成的，具有一定的史料价值；附录三收入笔者一篇关于“国产纸版联合营业所”的文章，通过“国产纸版联合营业所”的本质来说明，对于商人来说，“实业救国”“国货运动”的背后往往是对经济利益的追逐，不能过分拔高他们的“爱国”情怀。

第一章　禾（民）丰造纸厂生产与废水处理概况

第一节　禾（民）丰造纸厂简史

一、禾丰造纸厂：1923—1927 年

禾丰造纸厂由著名爱国民主人士、嘉兴人褚辅成（字慧僧）1923 年发起，与友人盛亮周、黄艮三、杨孟龙、陈良卿等集资 36 万元（银元）创办，厂址选在嘉兴东门外角里街（图 3）。禾丰造纸厂由盛亮周担任董事长，陈良卿之子陈佑之任经理，褚辅成长子褚凤章（汉雏）任协理。

1923 年，禾丰造纸厂购入角里街蒯塔坊土地 22 亩作为厂基，随后又购入角里街王家坊 4 亩，以后又陆续购入和租用土地约 120 余亩。厂房由上海新民记营造厂承建。

1924 年 2 月 18 日，禾丰造纸厂向上海茂生洋行订购美制净幅宽度为 1982 毫米的四圆网多烘缸造纸机 1 台及其附

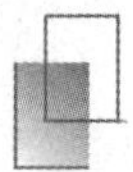

属设备，主机于同年9月6日到厂。全部造纸机械由顺华机器厂承装。

1925年7月，禾丰造纸厂开始试生产，8月正式生产。全厂职工178人，产品以黄版纸为主[①]，最高日产量为12吨。1927年年底，禾丰厂亏损负债甚巨，宣告停业[②]。

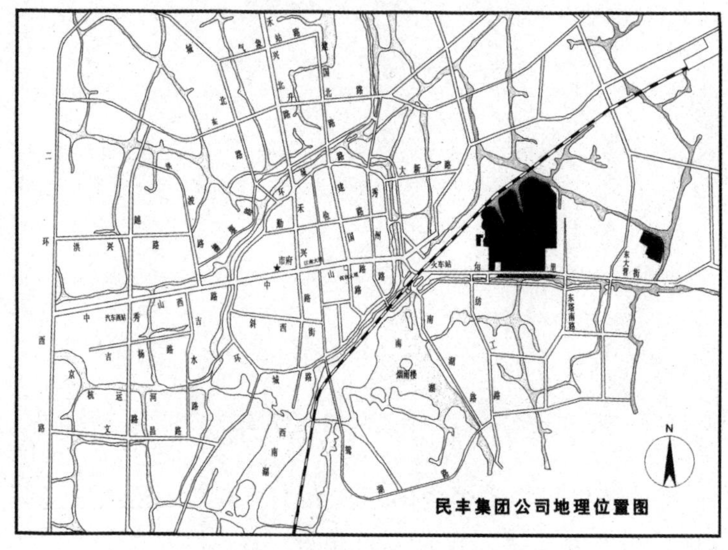

图3　20世纪90年代民丰集团公司地理位置图

资料来源：《民丰志》编纂委员会编：《民丰志（1923—1996）》，北京：中华书局，1999年，插图。

---

① 黄版纸，俗称马粪纸，用于包装纸箱，主要原料为稻草。参见《商品上的洋纸种类概说》，《商业月报》，1928年第8卷第5期，第1—14页；张天荣：《谈纸版工业》，《国货评论刊》，1929年第2卷第9期，第3—5页。在文史资料、厂志中，有称黄纸板（版）、黄板（版）纸。

② 《民丰志》编纂委员会编：《民丰志（1923—1996）》，北京：中华书局，1999年，第4页。

二、竟成造纸厂租赁期：1928—1929 年

1928 年初，清理人褚辅成出面，将禾丰造纸厂产业出租给上海竟成造纸公司，并将其改名为竟成第四造纸厂，恢复生产黄版纸。竟成业主王叔贤以日资日清公司为后台，早有取得同行中垄断地位的企图。在租得禾丰造纸厂后，他借口清理债权，欲将禾丰造纸厂招标拍卖，把工厂攫为己有①。

褚辅成获悉后即予制止，并召开董事会研究对策。后经全浙公会应季审介绍，褚辅成与上海商界人士竺梅先商谈。褚辅成从帝国主义经济侵略，谈到民族工业所受迫害，激励他要以振兴实业为己任，扭转禾丰造纸厂垂危的处境。褚、竺两人都是中国同盟会成员，在维护民族工业、实业救国的问题上有共同见识。当时竺梅先在孙中山先生思想的熏陶下，实业救国的思想已渐形成，而且已拥有相当资金，褚辅成的一席话更坚定了他接办禾丰造纸厂的意志②。

不过，竺梅先一个人接办禾丰造纸厂也缺少资金，这时他想到与他合作多年的金润庠。金润庠曾与他合作为军阀张宗昌采办军用面粉，赚了一些钱，“积起了 7 万多块钱家当”。在竺梅先的劝说下，金润庠也同意接办禾丰厂③。

---

① 《民丰志》编纂委员会编：《民丰志（1923—1996）》，北京：中华书局，1999 年，第 4 页；按：对于竟成造纸厂有无日资日清公司背景，后文将详述。

② 竺培农、竺培元、竺培德：《竺梅先与民丰、华丰造纸厂》，《文史资料存稿选编》之《工商经济史料丛刊》，第 3 辑，北京：文史资料出版社，1984 年，第 166 页。

③ 金润庠：《我不再起伏不定动荡不安》，《工商界》，1956 年第 2 期，第 29 页；亦见陈真、姚洛编：《中国近代工业史料》（第 1 辑）《民族资本创办和经营的工业》，北京：生活·读书·新知三联书店，1957 年，第 555 页。

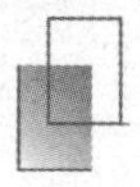

1929年1月16日，竺梅先、金润庠等集资50万元，筹组民丰造纸股份有限公司，以28万元购得嘉兴禾丰造纸厂。不过，由于王叔贤拒不移交，经诉讼，问题才获解决。民丰造纸股份有限公司创立会推迟至1930年3月才在上海召开。

三、民丰造纸厂：1929年至今

1930年，民丰造纸厂接办禾丰造纸厂后，经过整顿和检修设备，当年3月恢复黄版纸生产。1932年起，民丰造纸厂改制灰、白版纸，并增添设备，积极开发纸版新品种，先后制成双灰纸版、青灰纸版和提花纸版等；1934年，从德国引进成套表面光泽装置，成功制造出薄白版纸，日产量为25吨左右，盈利颇丰。

1936年6月，民丰造纸厂建成中国第一台卷烟纸机（即“2号纸机”），国产卷烟纸创制成功。这是中国造纸工业从低级技术的纸版工业上升到高级技术的薄纸工业的历史性突破。由于产品物美价廉，各卷烟厂相继采用，产品供不应求。

抗日战争全面爆发后，1937年8月17日，民丰造纸公司发出通告，宣布工厂停工，遣散职工；11月19日，嘉兴沦陷，日军占领民丰造纸厂。1938年，日军通过德商天利洋行多次向竺梅先提出合作经营民丰造纸厂的要求，被竺梅先断然拒绝。1939年8月，日商三岛制纸株式会社强占民丰造纸厂，但生产前纸版机发生大火，机器及厂房大都焚毁。1940年1月，日商王子制纸株式会社通过日“兴亚

院”和大使馆，取得民丰造纸厂经营权。1942 年，日本以建设“大东亚共荣圈”之名，归还了民丰造纸厂。此时，经理竺梅先已去世，民丰造纸厂由金润庠接管，经过权衡，金采用出租形式，将厂产租给“王子”经营。

1945 年 8 月 15 日，日本宣布无条件投降。民丰造纸厂原厂长孙定阳接收厂产，并于 9 月 13 日完成交接。抗日战争胜利后，在上海成立了第六区造纸工业同业公会，会员共有 31 家。民丰造纸厂为会员之一，经理金润庠任理事长。

1945 年 12 月 8 日，民丰造纸厂“2 号纸机”恢复生产卷烟纸，这一天后来被定为民丰造纸厂复厂纪念日。1946 年 7 月 31 日，副总工程师陈晓岚被任命为民丰厂厂长。1947 年 6 月 28 日，“1 号纸机”修复并恢复生产，仍以生产薄白版纸为主。1948 年 2 月 26 日，“3 号纸机”竣工投产，与“2 号纸机”一样生产卷烟纸。是年 5 月，民丰造纸公司董事长徐圣禅辞职，由杜月笙接任。

1949 年 4 月，民丰造纸厂停工。1949 年 5 月 7 日，嘉兴解放；5 月 17 日，中共嘉兴市委派李侨、王明和进驻民丰造纸厂，之后生产逐步恢复。改革开放后，民丰造纸厂生产经营规模不断扩大，为轻工业部大型重点制浆造纸综合性企业[①]。1993 年，以民丰造纸厂为基础组成了民丰集

① 《嘉兴市志》编纂委员会编：《嘉兴市志》（中册），北京：中国书籍出版社，1997 年，第 986 页。

团，发展进入新时期[①]。

第二节　禾（民）丰造纸厂产品与工艺

一、产品

民国时期，纸品主要分为版纸、薄纸及卷烟纸三种，兹分述于次：

版纸，纸质较厚，有白版纸、单白版纸、黄版纸、茶版纸、蓝版纸及其他有色版纸，多数用以印刷火车票或制造香烟纸盒及其他包装用之纸盒。

薄纸，纸质较薄，种类繁多，有轻重磅道林纸、连史纸、海月纸、各色书面纸、各色包砂纸、火柴纸、毛边纸、白报纸、灰报纸、牛皮纸、钞票纸、招贴纸及加工纸（即各色铜版纸及蜡光纸）。薄纸之用途甚广，报章杂志、教科书籍、邮电信件、文书税单等莫不需之。

卷烟纸，为包装烟丝之用，实为薄纸之一，唯用原料较为精致，而消费量亦颇多[②]。

禾丰造纸厂的主要产品是黄版纸，也生产灰版纸、白版纸、茶版纸（卷芯版纸）等，竟成造纸厂（租赁期）也

---

① 《民丰志》编纂委员会编：《民丰志（1923—1996）》，北京：中华书局，1999年，第4—8页。

② 工商部上海工商辅导处调查资料编辑委员会编印：《造纸工业》，1948年，第6页。

以生产黄版纸为主。民丰造纸厂时期，产品种类不断丰富，扩展到提花版纸、薄白版纸、卷烟纸、连史纸、打字纸、新闻纸、钞票纸等10余个品种（见表1）。

表1　1925—1949年禾（民）丰造纸厂产品品种

始产年份	产品名称
1925—1926	黄版纸、灰版纸、白版纸、茶版纸
1932	提花纸
1934	薄白版纸
1936	卷烟纸
1945—1948	连史纸、打字纸、2号（书写、印刷）纸、新闻纸
1949	钞票纸

资料来源：《民丰志》编纂委员会编：《民丰志（1923—1996）》，北京：中华书局，1999年，第21页。

二、生产工艺

现代制浆造纸基本生产过程分为备料、蒸煮、磨浆、粗选、漂白、精选、打浆、抄纸、制胶、蒸发、燃烧、苛化等过程[①]。民国时期机器造纸基本工艺过程与之相同，分为切料、蒸料、拖料、研浆、滤浆、吸水、烘浆、轧光、切纸诸手续[②]。据调查，当时造纸生产原料与工艺流程具体如下：

---

① 蒋其昌等编：《造纸工业环境保护概论》，北京：中国轻工业出版社，1992年，第54页。

② 浙江省政府设计会编辑：《浙江之纸业》，浙江省政府设计会，1930年，第666页。

1. 薄纸

由女工剔除破布上的橡皮、纽扣、金属品等杂物，再用碎布机撕碎，使成布条，再经除尘机除尘后置于蒸球内，加石灰纯碱或烧碱，以蒸气蒸煮数小时，除去油腻，并疏松破布之纤维；煮后用水洗涤，再经打浆机打散纤维，漂白粉脱除布色，即成破布浆，以备应用。

废纸经剔选后，即用水浸烂，置打浆缸打散纤维，有时再用漂白粉漂白，即成纸浆，存于储浆缸内，以备应用。

木浆略经打浆机处理即能应用，若所用为未漂白木浆，仍需以漂白粉脱色，漂白粉内略加少许硫酸，以增速漂白效能。

各项纤维纸浆，依据所制之各种纸张需用的成分配合后，置于混合槽内拌和；再加榆木浆、松香皂、明矾及碳酸钙，填满纤维之毛细管及孔隙，使纸光滑不透水；最后调和颜料或染料，化学品种类及需要量，依所制纸张之不同而异。

配制之纸浆，经沉沙沟、筛浆盆过滤后，即流入造纸机之铜丝网布上，一部分水于网眼中流去；转动之后，铜丝布与毛毯相遇，半干纸浆亦随之而行，经数次压除水后，即上烘缸烘干，制成卷筒纸；用切纸机裁成一定尺寸，包装后销售（图4）。

2. 版纸

版纸所用各项纤维纸浆与薄纸相同，唯多加稻草浆一项；在制造黄版纸时，则全以稻草浆代之。

稻草浆制造较为容易，先以切草机将稻草切细，随即用吹风管吸入蒸球内，加纯碱石灰蒸煮，溶解稻草中的非

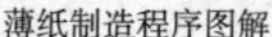

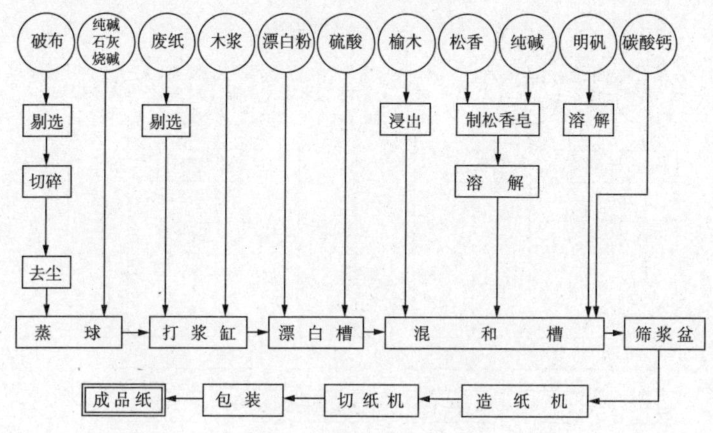

图4　薄纸制造程序图解

资料来源：工商部上海工商辅导处调查资料编辑委员会编印：《造纸工业》，1948年，第3页。

纤维质，最后置于打浆缸内，打散纤维，再以漂白粉脱除黄色即成。若是制造黄版纸，则以稻草加石灰蒸煮，并不漂白。

各项纤维，依规定成分调配后，加少量松香、明矾、碳酸钙及颜料或染料等混合，经筛浆盆过滤后，即进入圆网机之铜丝布网上；因版纸的纸料较厚，流入纸浆亦多，须经数双圆铜丝网滚筒，以加厚纸料。除制优质白版纸需全用漂白纸浆外，普通白版纸中间为未经漂白纸浆；于制造时，未漂白纸浆流入中间数双圆铜丝网上，而最外两双滚筒上，为漂白纸浆，即成白版纸之白色表面；半干纸浆再经10余乃至20余双烘缸加速烘干，制成版纸，经切纸机裁成一定尺寸后，包装出厂。黄版纸的制造程序相同，唯配制原料时仅用稻草

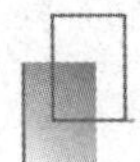

浆一种，任何化学品不加入内（图5）[①]。

白版纸制造程序图解

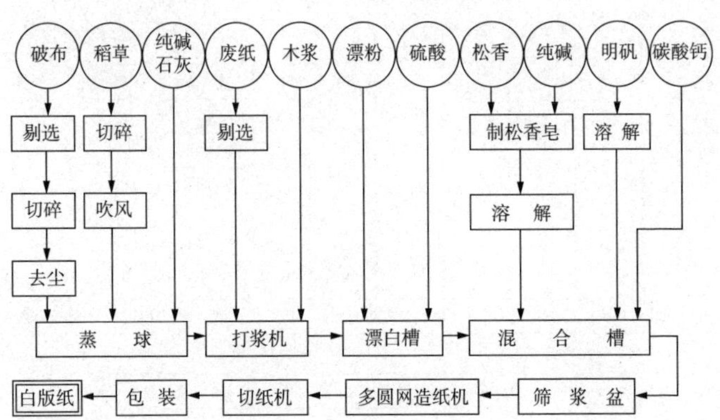

黄版纸制造程序图解

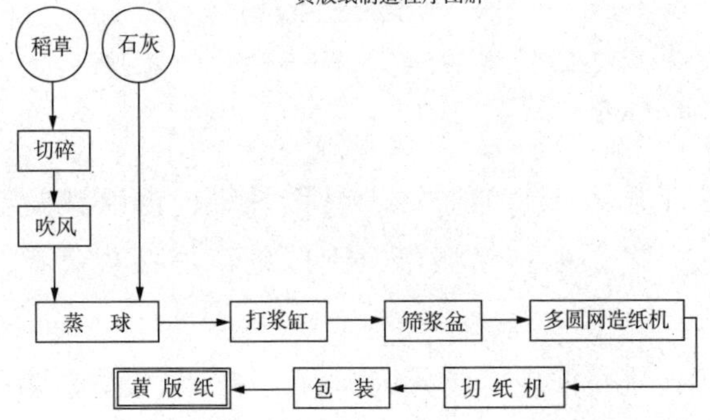

图5　白版纸与黄版纸制造程序图解

资料来源：工商部上海工商辅导处调查资料编辑委员会编印：《造纸工业》，1948年，第4、5页。

在制浆造纸生产过程中，蒸煮是最关键的工序。它是

① 工商部上海工商辅导处调查资料编辑委员会编印：《造纸工业》，1948年，第1、2页。

以化学法（或辅助）使植物原料离解成浆的过程。世界上制浆工业中所使用的蒸煮方法很多，但概括起来主要分为碱法和亚硫酸盐法两类。

碱法蒸煮是在蒸煮中使用碱液处理植物原料，根据所用的碱料不同，又分为石灰法、烧碱法和硫酸盐法三种。石灰法蒸煮液的成分主要为 $Ca(OH)_2$（氢氧化钙），烧碱法蒸煮液的成分主要是 NaOH（氢氧化钠，俗称烧碱、火碱、苛性钠），而硫酸盐法蒸煮液的成分主要为 NaOH 和 Na_2S（硫化钠又称臭碱、臭苏打、黄碱、硫化碱）。石灰法和烧碱法主要适用于草类原料，硫酸盐法既可蒸煮草类原料，也可蒸煮木材原料。

亚硫酸盐法使用亚硫酸盐药液蒸煮植物原料。根据蒸煮液 pH 值的不同，此法又分为酸性亚硫酸盐法（pH1.5～2）、亚硫酸氢盐法（pH4～5）、中性和碱性亚硫酸盐法（pH10～13.5）几种①。

据 1930 年的调查，民丰造纸厂日产黄版纸 20 吨，每日需稻草 600 担，“蒸料之时，必和以石灰，日耗四十担；另加以碱，日耗一担。澄浆则用明矾，亦耗一担”②。也就是说，蒸煮阶段用碱法制浆。之后，民丰造纸厂用稻草制报纸也是用碱法，据竺梅先对无锡利用纸厂陈蝶仙的讲述：

初用固体苛性钠百分之十三，蒸解稻草，每一球容八

① 胡惠仁等编著：《造纸化学品》，北京：化学工业出版社，2002 年，第 1、2 页。

② 浙江省政府设计会编辑：《浙江之纸业》，浙江省政府设计会，1930 年，第 667 页。

十担，需十二小时，嗣改用石灰百分之十煮四小时，取出洗涤，再行入球，用液体苛性钠百分之十三，煮四小时后，打浆漂白以至成品①。

《民丰志》中称，民丰造纸厂生产纸浆的方法有蒸煮（包括碱法和亚硫酸盐法）和生打两种，制成的纸浆均用于造纸。碱法蒸煮的纸浆主要是稻草、麦草、芦竹、芦苇等，分为漂白和本色（亦称化学浆和半化学浆），前者用于书写纸、胶版纸、卷烟纸等白色纸张，后者用于各种纸版及不需要漂白的纸张（如牛皮纸）；亚硫酸盐法蒸煮的纸浆主要是漂白麻浆，全部用于卷烟纸。这些纸浆的生产，在1982年未建制浆车间前，均由造纸车间承担②。

综上所述，民国时期禾（民）丰造纸厂造纸工艺与当今机器制纸在基本工艺上没有太大差异，除生产卷烟纸用亚硫酸盐法之外，其余都用的是碱法蒸煮制浆。

第三节　造纸废水污染与处理工艺

一、造纸废水

造纸工业的用水量、废水排放量、废水中污染物负荷

---

① 天虚我生：《稻草制浆之漂白法（上）》，《申报》，1935年10月24日，（333）662。

② 《民丰志》编纂委员会编：《民丰志（1923—1996）》，北京：中华书局，1999年，第24页。

等，随着原料种类、生产工艺方法、产品品种的不同，存在着很大差异，即使用同样的原料、同样的工艺方法、生产同样的产品品种，由于技术水平和管理水平的不同，也会存在很大的差异。在制浆造纸备料、蒸煮、磨浆、粗选、漂白、精选、打浆、抄纸、制胶、蒸发、燃烧、苛化的各阶段都有废水排放，只是废水排放量、污染成分和处理方法有所不同而已①。

制浆造纸废水是一种典型的高污染、高耗氧、难生化降解的有机废水。蒸煮制浆产生的污染最大，尤其是化学浆。制浆废水中主要含有碎屑和溶解物质，如采用氯漂白，漂白工段可形成大量的毒性物质。制浆原料中含有多种化合物，且大多数难以生物降解，具有生态毒性和累积效应。造纸制浆过程中产生的大量黑液未经处理排入下水道，流向江河，对我国水环境造成严重的污染，极大地破坏了自然生态环境的平衡。据统计，2009 年我国造纸工业每年废水排放量 40 多亿吨，约占全国工业废水排放总量的 20%；废水中 COD（化学需氧量）和氨氮的排放量分别占全国工业 COD 和氨氮排放总量的 28.9% 和 11.2%，其中 COD 排放量成为我国工业行业的第一排放大户②。

---

① 蒋其昌等编：《造纸工业环境保护概论》，北京：中国轻工业出版社，1992 年，第 51—54 页。

② 孙德智、张立秋等编著：《制浆造纸行业全过程降污减排技术与评估方法》，北京：中国环境科学出版社，2012 年，第 1 页。

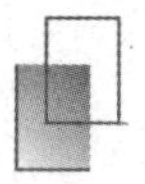

二、废水处理

现代典型的造纸废水处理系统包括：进水、初级处理、一级处理、二级处理、三级处理（根据具体出水要求选取）、消毒处理（根据具体出水要求选取）、出水、固体排放物处理。

进水：即制浆造纸工厂生产车间和工段排放到厂内废水处理系统的待处理废水，根据工厂的具体生产工艺，可以是化学机械法制浆废液、化学浆漂白废液或者是其他综合废水等。进水的流量决定着废水在处理系统各个单元的停留时间，这是影响处理效果的重要参数，需要连续测量、控制和记录。

初级处理：也称为预处理，主要是从待处理的废水中去除大块杂物，避免造成输送管道、水泵、后续处理设备的堵塞和磨损。

一级处理：通常在沉淀槽中进行，需要经过一定的时间，目的是去除废水中的纤维、碎屑等杂物。

二级处理：是将一级处理之后废水中没有沉降的污染物质转变成为可以沉降的物质，包括活性污泥法、滴滤法、活性生物过滤法、旋转生物接触反应器、曝气塘等形式，其共同特点是利用微生物作用，在废水中产生稳定的活性生物絮凝体，吸收和降解废水中悬浮和溶解的有机污染物质。

三级处理：也称为废水深度处理，用以去除前面处理难以除去的微量污染物质，既包括无机类物质，例如硝酸

盐、磷酸盐、硫酸盐等，也包括微量的有机类污染物质，如各种氯化有机物。三级处理采用化学的或者物理的方法。化学方法包括添加氢氧化钙、明矾、氯化铁、聚合物类絮凝剂；物理方法主要为快速过滤装置，即由沙层或者混合过滤介质构成的重力或者压力过滤器，故三级处理运行费用很高。

出水的后续处理：由于出水中可能含有对人体有害的病原微生物，通常采用的处理措施是用氯消毒。

固体排放物处理：污泥是废水处理系统中各个单元排出的全部固形物，含有大量有机污染物质，必须经过妥善处理，避免二次污染；通常处理方法为浓缩、脱水和焚烧[①]。

三、禾（民）丰造纸厂废水处理概况

1925 年，禾丰造纸厂投产后，因缺少治理污染的有效措施，使造纸废水流入河道，对农业、渔业和人民生活用水都造成一定危害。因此，此事引起下游集镇居民、乡村农民、水上渔民的不满，常与工厂发生纠纷。后来，造纸厂通过新建过滤池，将废水简单过滤后排入河道；也曾计划“废水灌田”，但直到 1958 年才得以实施[②]。

新中国成立后，民丰造纸厂也一直在寻找解决废水污染问题的出路。由于缺少治理碱法草浆造纸废水的工艺和

---

① 劳嘉葆主编：《造纸工业污染控制与环境保护》，北京：中国轻工业出版社，2000 年，第 85、86 页。

② 按：关于“废水灌田”，后文将详述。

设备，工厂曾先后采用废水经过煤渣层过滤后再排入河道，用浓黑液代替清水制作煤球、煤渣砖和生产沼气等办法，但由于受各种条件的限制，均不能从根本上消除废水的危害。

1977 年，碱加收工程建成，平均日处理黑液 220 吨，回收烧碱 5 吨左右，回收率达到 50%，缓和了废水对河道的污染。1989 年，建成日处理万吨中段污水的生化处理装置，制浆污水处理率达 70%。1996 年，民丰厂 16 台纸机的浓白水全部回用，其中 8 台纸机建有网坑白水回收系统，每年可减少新鲜水用量 200 多万吨，大大减轻了废水厂外治理负担①。

本章小结

民丰造纸厂能够在民国时期生存下来并得到进一步发展确属不易，然而受时代的局限，一直没能解决废水污染问题。随着民丰造纸厂发展壮大，废水对下游河道的污染愈来愈大，由此引发了持续数十年的“废水风潮”。

① 《民丰志》编纂委员会编：《民丰志（1923—1996）》，北京：中华书局，1999 年，第 265—267 页。

第二章　禾丰造纸厂时期的“废水风潮”（1923—1927）

第一节　废水排放与选址波折

工厂选址要考虑自然环境、经营环境、基础设施等状况，特别是原料与产品运输问题。民国时期，限于公路、铁路发展水平，沿河设厂自然是首选，禾丰造纸厂也不例外。

一、初选石湖荡：民众反对

造纸厂选址除了需要考虑原料与产品运输之外，还要考虑污水排放问题。1923 年，禾丰造纸厂董事会成立后，褚辅成便开始为选择厂址奔波忙碌。起初，考虑到便于采购造纸原料（稻草、麦草）和污水排放出海，他想在远离城区的石湖荡（今属上海松江区）买地建厂。

从原料、交通和排污情况来看，选址石湖荡应该是一

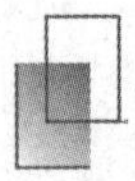

个不错选择。石湖荡地处江南鱼米之乡，造纸原料来源不成问题；同时交通方面除了有沪杭甬铁路之外，又在黄浦江上游，水路离上海外滩不到百公里，原料采购、产品运输较为便利。

不过，设立机器造纸厂必然会给石湖荡带来种种影响。当禾丰造纸厂将在石湖荡建厂的消息传开后，还是遭到当地乡绅和农民的极力反对。杨鑫海称，他们认为办纸厂会把稻草收光，造成无薪为炊，影响当地人民的生活①。这应该只是当地民众反对的部分理由，还有一个很重要的原因是担心纸厂排放的废水影响日常生活和农业生产。王信成在回顾民丰造纸厂相关历史时称："原规定在嘉兴近郊石湖荡建立厂基，因废水排泄不能适应，改觅嘉兴东门外角里街，购地30余亩为厂址。"②

"废水排泄不能适应"，应该是指当地民众担心纸厂排放废水影响饮用水源。杨鑫海称，褚辅成选址嘉兴东门外角里街的一个很重要的理由，便是工厂废水排放与饮用水问题："这里地处河道下游，不影响嘉兴城镇人民饮水。"③

由于当地民众的激烈反对，选址石湖荡建厂的计划只好作罢。从后来嘉兴东栅持续数十年的"废水风潮"来看，

---

① 杨鑫海：《褚辅成创办禾丰造纸厂》，《嘉兴市文史资料》第3辑《褚辅成专辑》，杭州：浙江人民出版社，1991年，第62页。

② 王信成：《民丰、华丰造纸厂的发展与银行的关系》，嘉兴市政协学习和文史资料委员会编：《嘉兴文史汇编》（第1册），北京：当代中国出版社，2011年，第365页；按：原文"嘉兴近郊石湖荡"改为"远离嘉兴的石湖荡"更为合适。

③ 杨鑫海：《褚辅成创办禾丰造纸厂》，《嘉兴市文史资料》第3辑《褚辅成专辑》，杭州：浙江人民出版社，1991年，第62页。

石湖荡民众做出了正确的选择。

二、嘉兴东门外角里街：反对中兴建

选址石湖荡失败后，褚辅成只好考虑在嘉兴附近建厂。他一路勘察而来，多方寻找合适的厂址，认为城东角里街一带是一处理想的厂址，原因是这里地处河道下游，不会影响嘉兴城区人民的饮用水源。

嘉兴"城中河道为供给饮料、运载柴米、排泄物等要道"[①]，褚辅成选址时不得不考虑。但嘉兴城东角里街一带，并非无人居住。嘉兴自东城外以至东栅口延长五六里，受当年太平天国运动的影响，虽角里坊、蒯搭坊还未恢复旧观，但经过数十年的发展，东栅已"成为一独立之小市镇"[②]。据 1942 年的调查，该小市集有人口"近七千"，店铺"一百六七十家"[③]。拟建厂址附近角里河（平湖塘）正是东栅民众饮用水源："自厂至菱荡桥，水路约二里；自菱荡桥至双溪桥，约五里；双溪桥即东栅镇西市之河道，镇民饮料用之。"[④]

在东栅东首常丰桥头，有一座建于 1891 年的公用码头，其功能之一是便于东栅民众"取水"（图 6）。

---

① 幼甫修、陆志鸿等纂：《嘉兴新志》，台北：成文出版社有限公司，1970 年影印本，第 49 页。

② 幼甫修、陆志鸿等纂：《嘉兴新志》，台北：成文出版社有限公司，1970 年影印本，第 61 页。

③ 《东栅镇近况》，《嘉兴新报》，1942 年 10 月 11 日，第 3 版。

④ 赵燏黄：《嘉兴东栅镇西市河道饮料水试验报告书》，《科学》，1926 年第 11 卷第 6 期，第 825 页。

图 6　嘉兴东栅婚丧取水码头及碑文

资料来源：薛家煜：《百年码头水韵浓》，收入薛家煜著：《寻找东栅》，上海：上海辞书出版社，2009 年，第 1—3 页；该处已拆迁，“东栅码头建埠碑”今在嘉兴揽秀园。

选址角里街能成功的关键是“恰巧股东盛亮周家在火车站附近的角里街有田地数十亩”。褚辅成与盛商议，请盛家转让田地以便建厂，盛表示同意和支持，并商定田地以股资形式折价结算。由于建厂之地是股东盛家，不涉及别人，又因“角里街一带居民也未提出异议”，所以很快确定了厂址①。1923 年 5 月，禾丰造纸厂购入角里街蒯塔坊土地

① 杨鑫海：《褚辅成创办禾丰造纸厂》，《嘉兴市文史资料》第 3 辑《褚辅成专辑》，杭州：浙江人民出版社，1991 年，第 62 页。

22亩及角里街王家坊4亩，两处共26亩，开始建设厂房[①]。

不过，杨鑫海认为“角里街一带居民也未提出异议”，这并不符合历史事实。在禾丰造纸厂准备在角里街兴建时，东栅民众同样担心饮用水源污染，激烈反对，还惊动了省政府，最后由省政府派人查勘，确认对民众饮用水源“毫无关碍”，才批准兴建。

嘉兴禾丰造纸厂筹备进行已有多时，因厂址设在东门外角里街，致东栅镇商民认该厂之设有妨饮料，双方争执多时，经省派委专员莅禾查勘，现此案经省委查核，于附近居民之饮料毫无关碍，故该厂已可核准[②]。

东栅民众的反对是有道理的，褚辅成可能并没有考虑到嘉兴的水环境特点。东栅地处纸厂下游，再加上嘉兴东部地势平缓、水流缓慢，以及平湖塘受黄浦江潮汐的影响，枯水期感潮区界可达嘉兴市郊[③]，因此污染物会在河流中随水流回荡。选址角里街，的确不大会影响嘉兴城区居民饮用水源，却给东栅镇及附近民众的生产生活带来了持续数十年的危害，特别是在枯水期。1952年，民丰造纸厂厂长陈晓岚承认选址角里街缺少全面考虑：“我厂开设嘉兴已历

---

① 郐见明：《禾丰造纸公司的创立与发展：褚辅成先生实业救国思想的重要实践》，嘉兴市文史研究会、九三学社嘉兴市委会编：《纪念褚辅成诞辰140周年学术研讨会论文汇编》，2013年内部发行，第147页；注：郐见明原文为三月，系农历，应为公历5月，参见《民丰志》编纂委员会编：《民丰志（1923—1996）》，北京：中华书局，1999年，第4页。

② 《禾丰纸厂已准备案》，《申报》，1924年1月21日，（199）433。

③ 《嘉兴市水利志》编纂委员会编：《嘉兴市水利志》，北京：中华书局，2008年，第116页；太湖流域感潮区范围，可参见孙景超：《技术、环境与社会：宋以降太湖流域水利史的新探索》，复旦大学博士学位论文，2009年，第63页。

二十年，因设厂地点选择上失于考虑，未在造纸厂废水泄放问题作详细研究，造成废水泄放去路的严重问题，厂愈扩大，问题愈严重。”[①]

第二节　投产后的“废水风潮”

1925年7月，禾丰造纸厂开始试生产，日产黄版纸4吨，运销上海，“大有供不应求之概”[②]。8月21日，禾丰造纸厂正式投产，产品主要为黄版纸，也生产少量灰版纸、茶版纸和单、双面白版纸，最高日产量12吨[③]。制浆造纸过程需要排放大量造纸污水，由于工厂缺少治理污染的有效措施，造纸废水流入河道，严重污染了下游河水，引起下游民众的不满，他们常与工厂发生纠纷，这就是杨鑫海所说的“废水风潮”[④]。

一、冲突首现：民众控诉、请愿

禾丰造纸厂开工生产后，排放的废水给东栅附近河道带来严重污染。已是耄耋之年的东栅人张菊芳对禾丰造纸

① 《关于民丰造纸厂废水放入河内影响民众饮水及农田生产拟提出解决方案的报告》（1952年4月21日），嘉兴市档案馆，档号：073-001-043-059。

② 《实业消息汇志》，《申报》，1925年8月6日，（215）109。

③ 邬见明：《禾丰造纸公司的创立与发展：褚辅成先生实业救国思想的重要实践》，嘉兴市政协文史研究会、九三学社嘉兴市委会编：《纪念褚辅成诞辰140周年学术研讨会论文汇编》，2013年内部发行，第147页。

④ 杨鑫海：《褚辅成创办禾丰造纸厂》，《嘉兴市文史资料》第3辑《褚辅成专辑》，杭州：浙江人民出版社，1991年，第62页。

厂造成的污染状况仍记忆犹新：“黑水到处，鱼虾浮毙，船过翻泡，臭气冲天。一河清水，转眼面目全非。”[①]

“臭气冲天”的河道是东栅民众的饮用水源，这引起他们强烈的抗议，“怒不可遏，群起攻之”。东栅附近农民担泥抛石，在吴泾桥下拦河筑坝；渔夫船民扛橹持篙，抬了死鱼去堵厂门；全镇众商民“文谏武胁”，或联名状告，或围厂示威。曾为吉祥庵小学国文教员的王止柔等文人挺身而出，为民请命，组织民众向县政府请愿[②]。1925 年 11 月 22 日，《申报》刊登了这次“废水风潮”的消息：

嘉兴东门外角里街禾丰造纸厂，因排泄毒水，东栅镇居民认为有碍卫生，特由万选青、朱洲亚等多人，呈控官厅，请求取缔。兹悉，地方分庭据呈后，王检察官特于十九日下午，前往造纸厂调查一切，并由具呈人到厂陈说，厂外亦有公民二百多人环立请愿取缔，当经王检察侦查一切，并在该厂蓄水池内提水养鱼，以观究竟，最后将此项蓄水带回一桶，以便化验，而凭核办，故此案结束，须俟化验后判断[③]。

关于这次“废水风潮”，虽然能找到的史料相当有限，但是，根据上述资料还是可以得出以下重要信息：

一是，这次呈控禾丰造纸厂排放污水，是由东栅士绅

---

① 薛家煜：《一河清水起风波》，收入薛家煜：《寻找东栅》，上海：上海辞书出版社，2009 年，第 48 页。

② 薛家煜：《一河清水起风波》，收入薛家煜：《寻找东栅》，上海：上海辞书出版社，2009 年，第 48 页。

③ 《王检察调查纸厂控案》，《申报》，1925 年 11 月 22 日，（218）434。

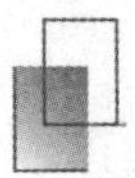

万选青等人主导。据薛家煜的调查，万选青系“万涌兴”面店业主，在东栅有东、西两家店面。此人会看“星相”，是东栅小有名气的风水先生。同时，从已刊资料可知，他是东栅“镇绅”[1]，并且在当地有一定的影响力。1924 年 2 月 28 日，在褚辅成发起下，嘉兴成立除螟会，决定在螟灾较重区域，设立除螟事务所，委定事务员，积极除灭螟患[2]。各镇除螟事务员由褚辅成遴选并呈县填发委任状，东栅镇除螟事务员正是“万选青”[3]。由此可知，“万选青”在东栅镇是有影响力的“镇绅”，在之后的“废水风潮”中还多次出现他的名字。

二是，整个过程相当法治化，东栅民众与官方态度都相当克制。东栅民众通过“呈控官厅”来表达自己的诉求，在官方来禾丰厂调查时，当地民众 200 多人虽“环立”于厂外“请愿”，强烈表达自己的要求，但并无过激行为。官方调查时，让万选青“到厂陈说”，给予当地民众表达诉求的充分自由；同时，对于民众请愿亦未强行弹压，并带回样品化验。

三是，废水排放问题在当时并不被认为是“环境”问题。东栅民众是从饮水“卫生”而非“环境保护”方面来提出控告，认为禾丰造纸厂“排泄毒水”；虽然卫生与环境往往密切相关，但毕竟还是有区别的，这说明当时人们还

---

① 《东栅镇商号罢市原因》，《申报》，1926 年 4 月 11 日，（222）244。

② 《设立除螟会》，《申报》，1924 年 2 月 29 日，（199）1120；关于褚辅成与嘉兴除螟会相关问题可参，王天松：《褚辅成与嘉兴除螟会》，http：//blog. sina. com. cn/s/blog_ 64168b9c0102vzae. html。

③ 《除螟会请费与设所》，《申报》，1924 年 4 月 11 日，（201）223。

没有水环境保护的观念。

四是，东栅民众的目标与要求是“取缔”，这显然难以实现。前文已述，禾丰造纸厂是在“实业救国”大背景下，由知名人士褚辅成等人筹资兴建，并非能轻易取缔的。

王检察官带回样品化验的具体结果如何，《申报》中缺少记载。不过，自禾丰造纸厂成立之后，甪里街张筱荼、东栅镇方于鸿等，均称禾丰造纸厂“泻毒官河，有害农田饮料”，“请为禁阻”。嘉兴县长也一再派员查勘，并请德心医院院长蒋志新当场化验造纸厂废水，得出如下结论：“确无镪水毒质，但据此纤微（维）质及石灰质多于饮料上，似于卫生学所论相左，若多设渗滤池，使纤微（维）质被砂滤去，虽多有石灰质，然一入河流即为河水所稀，故亦能为饮料。”①

造纸产生的“黑液”主要是碱性废水，确实不是强酸性“镪水”，但对于这个化验结论，东栅民众显然难以接受，毕竟“黑水到处，鱼虾浮毙”②，因此在以后的“废水风潮”中，东栅民众还会要求化验水质。嘉兴县政府看到这样的化验结果，自然不会“禁阻”禾丰造纸厂，东栅万选青等人想“取缔”的愿望并没有实现。不过，该报告对禾丰造纸厂排放废水还是产生了影响，嘉兴县政府对禾丰造纸厂进行了警告：“谕令该厂多设蓄水池，俾毒液不再

① 《会验嘉兴禾丰纸厂泄水官河案（附表）》，《医药学》，1926 年第 3 卷第 9 期，第 12 页。

② 薛家煜：《一河清水起风波》，收入薛家煜：《寻找东栅》，上海：上海辞书出版社，2009 年，第 48 页。

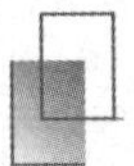

流出。”①

在东栅民众、嘉兴县政府的双重压力下，禾丰造纸厂对排放的废水采取了一定的措施。据1926年4月28日的调查：“纸厂内排外之废水有三路可通东栅镇，其中厂之东北两浜已筑坝截断；同时，厂内已设滤清池，复于菱荡桥设过滤之坝。”②

二、冲突升级：罢市请愿、电呈省长

经过上次冲突及禾丰造纸厂整治排污系统，在之后的近5个月时间里，报纸上未见民众与禾丰造纸厂之间的“废水风潮”相关报道。然而，这种平静在1926年4月被河流的严重污染所打破：“距东栅镇一带河流，于九日竟现黑色，顿时鱼虾浮汆水面，状如僵死。”③

去年在万选青控诉后，禾丰造纸厂已保证“毒液不再流出”，现在河中鱼虾浮毙，因此“阖镇哗然”。东栅民众认为，禾丰造纸厂出尔反尔，必须要用强有力的方式来表达自己的要求，这就是罢市请愿。4月9日下午3点左右，“蒋士荣鸣响大锣，全镇罢市”④，并聚集700余人，至县政府请愿。见群众如此形势，县长鹿学冲出面进行安抚调解，并随群众来东栅镇查勘，称“黑水无碍”。对此，“东栅人

① 《东栅镇商号罢市原因》，《申报》，1926年4月11日，(222) 244。

② 赵熽黄：《嘉兴东栅镇西市河道饮料水试验报告书》，《科学》，1926年第11卷第6期，第824、825页。

③ 《东栅镇商号罢市原因》，《申报》，1926年4月11日，(222) 244。

④ 薛家煜：《一河清水起风波》，收入薛家煜：《寻找东栅》，上海：上海辞书出版社，2009年，第49页。

有备而来，他们碗端河中黑水称：‘知事既说黑水无碍，请当众喝下。’知事顿时哑然失语，振振之词，哈哈官腔，不攻自破”[①]。

最后，在东栅镇绅万选青协调下，鹿县长当众汲取浊水两瓶，密封后一瓶放在东栅镇，一瓶带回县政府化验。官方出面调解起到了一定的安抚作用。4 月 10 日早晨，在东栅镇巡官孙恒吉亲自劝导下，至上午 9 点东栅镇各商号已全部开市。罢市问题虽然得到解决，但废水问题并未解决。考虑到鹿县长即将离任，10 日下午，东栅民众又电呈省长，请求“饬县查禁该厂泻水，以保民命”[②]。

就在东栅民众要求查禁禾丰造纸厂废水时，塘汇民众也来声援。塘汇镇商界联合会会长陈邦基、农民李维熊等先后电呈县政府，称禾丰造纸厂“毒水横流，危害堪虞”，恳请“饬令迁移”[③]。

禾丰造纸厂“废水风潮”，“扰挤多时，迄未解决”，原因是对于禾丰造纸厂排放的废水是否有毒，东栅民众和厂方各执一词：“人民指纸厂废水中含有镪水，而纸厂则谓造纸之原料仅用稻草及石灰，而所造之纸仅有黄色版纸一种，

① 薛家煜：《一河清水起风波》，收入薛家煜：《寻找东栅》，上海：上海辞书出版社，2009 年，第 49 页。

② 《东栅镇商号罢市原因》，《申报》，1926 年 4 月 11 日，（222）244。

③ 《会验嘉兴禾丰纸厂泄水官河案（附表）》，《医药学》，1926 年第 3 卷第 9 期，第 11—30 页；《会验嘉兴禾丰纸厂泄水官河案》（续第三卷第九期），《医药学》，1926 年第 3 卷第 12 期，第 48—66 页。

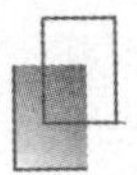

故无须用镪水。”①

据某造纸工程师实地调查，称该厂造纸时残余之稻草纤维质，有十分之三四流入废水中，废水在厂中潴水池内，腐败发酵而起变化，具体化学反应方程式如下：

$$C_6H_{10}O_5（纤维质）+H_2O=C_6H_{12}O_6（糖质）$$

$$C_6H_{12}O_6（糖质发酵）=2C_2H_5（酒精）+2CO_2（碳酸）$$

“据以上纤维质腐败发酵之理由，潴水池中所生之有机物质，日积月累，愈变化而量愈多，故当干旱之时，泄入河中，致河水大起秽浊，是必然之势也。”② 所以，东栅民众认为，水中含有镪水（强酸性液体），与调查结果不符，纸厂故很难承认，实际是造纸生产过程中用了大量石灰，废水主要呈碱性。

另外，在纸厂方面，称该河水可充饮料，无碍卫生，民众亦自难承认，以致“两方争论，历久不决”。嘉兴县政府曾请德心医院院长蒋志新化验废水，确认为无镪水，但东栅民众不相信。无奈，嘉兴县政府只好呈请省政府派化学专员来嘉兴化验该地污染之河水，借以判决此案。随后，浙江省实业厅派委浙江省立医药专门学校药科教授赵燏黄（字午安），会同禾丰造纸厂聘请的浙江省地方农事试验场

① 《嘉兴禾丰造纸厂泄水之试验成绩报告书》，《浙江实业季刊》，1926 年第 2 期，“报告”第 6 页；《会验嘉兴禾丰纸厂泄水官河案（附表）》，《医药学》，1926 年第 3 卷第 9 期，第 11 页。

② 《嘉兴禾丰造纸厂泄水之试验成绩报告书》，《浙江实业季刊》，1926 年第 2 期，“报告”第 6 页；《会验嘉兴禾丰纸厂泄水官河案（附表）》，《医药学》，1926 年第 3 卷第 9 期，第 11 页。

化验科主任钱树霖，前往嘉兴依法化验纸厂受污染河水。

但是，出于对之前官方化验结果的不信任，在实业厅派人来化验的过程中，4月25日，东栅民众联名函请浙江省立医药专门学校药科周冠三、张省吾、于线定三位教授来嘉兴调查化验受污染河水：

敝镇因禾丰纸厂泻放黑水，垒起风潮，争执累月，迄无善果。在该厂掩耳盗铃，昌言无毒，而敝镇危墙上，惴惴未宁，况揣以鱼虾之毙，荇藻之腐，谓为无毒，窃实未敢信之。兹得县长之调停，以化验为折衷办法。惟蕞尔禾城化学人才颇难物色，夙钦诸公理化精明，经验宏富，况复仁慈遐着，胞与怀深用敢，不揣冒昧，竭诚敬恳，务祈略展鸿才，将此种黑水详加分析，俾有何毒质，立见明了，而日坐愁城之人民知所趋避行见，敝镇数万生灵，歌功颂德也，事关公益，匆却是幸端此，敬请善安。教弟徐文潮、万兆恒、朱德基、钱绍曾、许绳武、方福清、石芳澜、于朱诩同顿首[①]。

1926年4月28日，官方派出的赵燏黄，禾丰造纸厂聘请的钱树霖与东栅民众聘请的周冠三、张省吾、于线定一起来到东栅镇调查化验水质，在禾丰造纸厂经理褚凤章（字汉雏，褚辅成长子）、东栅镇绅万选青、县实业科长方书绅陪同下，由厂外乘舟，一路视察河道，确定了禾丰造纸厂废水污染东栅镇河道的路径：

① 《会验嘉兴禾丰纸厂泄水官河案（附表）》，《医药学》，1926年第3卷第9期，第13页。

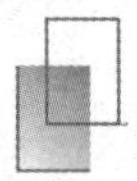

东门外禾丰造纸厂占东栅镇之西南，即东栅镇河道占纸厂之东北。厂内排外之废水有三路可通东栅镇，厂之东北两浜，可迳通东栅，而厂已筑坝截断，另疏通一浜，其废水即绕道西北沿沪杭路线而折入东南，经菱荡桥分流，东自渔泾桥达双溪桥而入东栅，北自菱荡桥，而入塘汇。厂外浜河，均占东栅之上流。自厂至菱荡桥，水路约二里；自菱荡桥至双溪桥，约五里；双溪桥即东栅镇西市之河道，镇民饮料用之。纸厂工作所排之水虽于厂内已设滤清池，复于菱荡桥，设过滤之坝，然均于过滤之设备上，不能十分完全，因之废水仍泄入河道①。

在确定废水由双溪桥流入东栅后，28 日下午，取东栅镇双溪桥附近之水，至县会议场依化学法分别试验，现场参观者百余人。当天下午 5 点，一些简单物化试验结束，得出初步结论："水极混浊，多有机质。"至于石灰质及阿摩尼亚（氨水）、硫酸、盐酸等，系因简单试验，尚未明确，须返省详细分析化验后再下评断②。

经过 4 月 28 日对受影响河水简单化验后，东栅民众已认为禾丰造纸厂泻水"有妨饮料"，准备等详细分析化验结果出来后"再作计较"。而东栅民众中一些拥有官方背景的人，则在利用自己的政治身份，与纸厂的废水做斗争。上文提到邀请浙江省立医药专门学校教授来化验水质的钱绍曾系东栅人，同时也是嘉兴县参议会议员。他提出议案，

① 赵燏黄：《嘉兴东栅镇西市河道饮料水试验报告书》，《科学》，1926 年第 11 卷第 6 期，第 824、825 页。

② 《化验纸厂泻水情形》，《申报》，1926 年 4 月 30 日，（222）670。

“令该厂迁移相当地点”，现已列入议程，决议施行[①]。这是官方第一次要求禾丰造纸厂迁移，虽然没有实现，但是官方还是“责令该厂切实改良，俾毒水不泄，以洁饮料，而重卫生”[②]。

除了东栅民众的抗议与反对，以及来自官方的压力之外，禾丰造纸厂还面临着媒体舆论的压力。1926 年 4 月 19 日，《申报》刊发《王祉君发表对于中国造纸业意见》一文，对嘉兴禾丰造纸厂的废水问题进行了不点名批评。王祉君曾留学于法国格裕勒鲁蒲造纸学校，毕业后任工程师，1926 年春回国。他可以被看作“实业救国”的代表，为振兴中国造纸业，回国两个多月的时间里，先后参观考察了上海、杭州、嘉兴等各地造纸厂，希望为中国造纸业的发展提供改良意见。通过考察，王祉君列举了中国纸版业发展的三大病症：“吝小失大，因陋就简，避难就易。”其中“吝小失大”包括对废水缺少有效的处理，带来巨大危害：“据吾所已知，出品类多粗劣，或因纸厂原料之浪废（费），泄水排毒之无力，甚至以水毒关系，影响市政。嘉兴某纸厂，因泄水排毒无法，民众以饮料关系生命，激全镇罢市，见本月 11 号《申报》。”[③]

关于造纸厂废水处理问题，王祉君给出了解决方法：“至于泄水排毒之法，实为造纸家之普通常识，只须用收集

① 《禾丰纸厂泻水问题近讯》，《申报》，1926 年 5 月 5 日，（223）104。

② 《纸厂拟建用水循环机》，《申报》，1926 年 5 月 28 日，（223）678。

③ 《王祉君发表对于中国造纸业意见》，《申报》，1926 年 4 月 19 日，（222）431。

残料机具，聚集或倾泻塔池，分滤之而已足。盖一以能使宝贵原料，不致无端耗废，减少产额，一则能阻止纤维，不至流散于河水之中，酸酵而成毒液也。”①

王祉君的言论让禾丰造纸厂有故意泻放污水、不顾民众身体健康之嫌。面对东栅民众、官方及舆论压力，禾丰造纸厂的股东们如坐针毡，因为他们深知“此事之不易解决”。5月7日，股东徐景伊、陶慧斧、沈培之等在禾丰造纸厂召开股东会，责成禾丰造纸厂总理（经理）、协理（副经理）“切实整顿，从速改良，俾慰厂邻之望”，最后确定通过“加筑滤清墙”和“处置池内废弃”两种方法来解决：

一、加筑滤清墙，以清废水：向来澄清池下用滤清版，其灰草细质沉淀池底，隔几日挖出，间有浮质，流入池外。今加筑滤清墙，则甲池流入乙池，下有滤清版，旁有滤清墙，庶无粗质流入河内，则废水可清。

二、处置池内废弃：爰此项弃料废物本可利用，现有商人张五云承包变买此种废弃，每日用船装载，充作肥田粉原料，已经订约，限一星期内实行，此后池内废弃永不存续，则废水较清②。

股东会要求禾丰造纸厂“切实办理”，并“由厂呈请官厅备案”。面对进一步来自股东的压力，禾丰造纸厂同意“建造水塔四座，滤清泻水”，这为“扰攘半年，无法解决”

---

① 《王祉君发表对于中国造纸业意见》，《申报》，1926年4月19日，（222）431。

② 《纸厂之整理废水办法》，《申报》，1926年5月8日，（223）175。

的“废水风潮”的解决带来契机。5月12日，东栅民众、禾丰造纸厂、嘉兴县政府三方代表在县政府集议调解方法。东栅民众方面推出万选青、钱伯勋、朱振亚3人，禾丰造纸厂派出5人，包括董事长盛亮周、副经理褚凤章，以及盛谱兰、陶慧斧、徐景伊。嘉兴县政府则由实业科长方书绅出席，张熙民、潘书先作为调解人出席。经过两天讨论，东栅代表与禾丰造纸厂代表达成以下四点调解协议：

一、纸厂停工五日，至四月初七日（5月18日）止。

二、建造四塔，约两月半工竣，在建塔期内由厂供给镇民饮料；以后泄水，先行通告周知；水塔造竣，河内不得再现污水。

三、东栅方面关于泄事争执费用，均由厂方偿还。

四、双方订立议据，以作凭证[①]。

能够达成调解协议，禾丰造纸厂在经济方面做了一些让步。首先停工5天，意味着纸厂将遭受一定的经济损失。其次，建造滤水塔期间给东栅民众提供饮用水以及诉讼相关费用，这些也是一笔不小的开支。不过，东栅民众饮用水源的确是被禾丰造纸厂废水污染，从这一点来说，该调解协议还是相当公正的。但需要注意的是，该调解协议有一个重要内容是“双方订立议据，以作凭证”，这为之后“泻水风潮”进一步升级提供了可能。

禾丰造纸厂准备建造滤水塔，在废水排入河道前进行过滤，也得到了官方的支持。东栅镇商号“徐聚兴”的业

① 《纸厂泻水风潮之调解方法》，《申报》，1926年5月14日，（223）324。

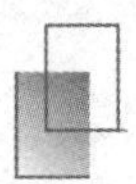

主徐觉生等曾呈请浙江省实业厅“责令该厂迁移相当地点”，实业厅以禾丰造纸厂准备“建造滤水塔四座”，驳回了迁厂的请求[①]。

禾丰造纸厂为彻底解决废水问题，还宣称试图循环用水，并聘请工程师王某建造循环机，“使用过之水，仍作造纸之用”。官方也支持这个办法，并督促禾丰造纸厂施行，因为这样就可以“实业饮料，两无妨碍”[②]。不过，虽说王祉君工程师说可以办到，但在当时的技术条件下，显然不可能实现。毕竟“水为造纸厂之命脉，水质良否与纸质关系很大”。同时期的上海江南造纸厂，因为苏州河河水污染严重，不得不花巨资开凿深井取水：

> 厂前虽有通黄浦江的苏州河，除涨潮时水位略高外，经常是臭水浜，必须开凿深水井，方能解决用水问题。纸厂用水不特要清澄水质，而且要日夜不停地供应。当时上海打井工程队虽然不少，但都是手工钻凿，口径二、三寸，深度二、三百呎的小型井。日人建议，由日本凿泉会社承包全部工程，派来工程人员10多人，费了3个多月时间，2万余元的包费，完成了口径12寸，深度500呎的深水井[③]。

后来，“建造循环机”一事被东栅民众揭穿。禾丰造纸厂所谓聘请工程师王祉君来建造循环机一事纯属子虚乌有，

① 《纸厂泻水问题之近讯》，《申报》，1926年6月26日，（224）618。

② 《纸厂拟建用水循环机》，《申报》，1926年5月28日，（223）678。按：据《申报》（225）703记载，“王某”即“王祉君”。

③ 张天荣：《解放前的上海江南制纸公司》，《文史资料存稿选编》经济（上），北京：中国文史出版社，2002年，第947页。

只是为了欺骗群众。王祉君根本没有说过可以“建造循环机”，声称：“该厂诈伪，将诉诸法律。”[1]

三、冲突再升级：第二次罢市请愿，筑坝堵水

1926 年 5 月 13 日达成的调解协议并没有让“废水风潮”平息多久。按照调解协议，禾丰造纸厂应该抓紧时间开工建造滤水塔，以免废水直接入河，同时在建造滤水塔期间为东栅镇区民众提供清洁饮用水。不过，实际情况是禾丰造纸厂并没有遵守协议。时间过去半个月，滤水塔“仍未兴工”，同时禾丰造纸厂“连日泻泄废水，致水流污浊，不能充作饮料”。上文已述，达成协议时，“双方订立议据，以作凭证”，禾丰造纸厂变本加厉泄放污水，使东栅民众彻底愤怒。

5 月 28 日中午，东栅镇商号再次“一律罢市”，同时在“双溪桥钉桩筑坝，以阻水流”。嘉兴县政府得知这一消息后，马上派实业科长方于袷至东栅镇劝导安抚，并命令“纸厂停工”。最后经过调解，禾丰造纸厂为东栅民众提供清洁饮用水，罢市问题才得以解决：

其最后调解方法，令厂备船五十只，装载南湖清水，运往该镇，供给民众饮料，至水塔造成后为止。镇民认为满意，遂各开市[2]。

---

① 《浙江嘉兴东栅人民对于禾丰纸厂泻放毒水泣告》，《申报》，1926 年 7 月 29 日，（225）703。

② 《东栅镇罢市与塘汇区人民请愿》，《申报》，1926 年 5 月 29 日，（223）700。

一波未平，一波又起。禾丰造纸厂答应在滤水塔建好之前为东栅民众提供南湖清水的消息传开后，当天下午6点左右，塘汇、太平桥两处民众也称受到浊水影响，纷持白旗，聚集50多人，赴嘉兴县政府请愿。最后由徐县长允许与东栅镇同一待遇，令纸厂于5月29日起，备船载水，供给饮料，请愿群众才满意而归①。

虽然禾丰造纸厂答应提供清水，但经过之前数次交锋，东栅民众显然已不大相信禾丰造纸厂能有效地遵守承诺，故东栅民众依然在双溪桥钉桩筑坝，阻断角里河通行。5月29日，东栅民众完成在双溪桥钉桩筑坝。坝基“约阔五尺”，“舟楫不能通行”。由此产生两方面不利影响：

一是，严重影响嘉兴地区水运交通。平湖来嘉兴之汽船及各路行经该处之航船、商船、货船等，均停泊于坝之东西，再用渡船分途，甚或绕道而行，颇感不便。

二是，使污水向西扩散。因为该坝所阻，至纸厂所放浊水，折向西流，5月30日南湖中亦发现此项浊水，沿湖民众，颇生讲议②。

正当“废水风潮”进一步“发酵”之时，5月30日，《申报》公布了4月28日在双溪桥附近进行河水水质联合调查的详细结果，按照卫生标准，各项指标均不合格，这无疑给“废水风潮”火上浇油：

---

① 《东栅镇罢市与塘汇区人民请愿》，《申报》，1926年5月29日，（223）700。

② 《双溪桥钉桩筑坝》，《申报》，1926年5月31日，（223）754。

嘉兴河道饮料，有碍卫生，以致罢市一案，喧传已久，直至四月二十八日，始由省署派专门家医学教授赵熽黄等数人，前往试验，按照理学及化学，定量、定性及显微镜细菌学试验，条目分别，详验而后，判决其对卫生上之良否。其判决书对理学试验之结果，谓纯良之水，须证明无色无臭无味，多放置二十四点钟，不宜析出沉淀质，反应宜中性，此则均不合格。对化学试验，纯良之水，不可存多量之游离石炭酸，绝对不能食，硫化、水素、磷酸、亚硝酸及多量之硝酸，亚摩尼亚有机质，此又均为不合。又干燥残渣应无色，不可食多量之盐酸基、硫酸基、亚摩巴亚及有机亚摩尼亚，并有机质，而总硬度又不可超过10至15度，此水硬度3.84度，自为软水，而以上各点，又均相去过远，认为不合卫生。至显微镜试验，则纯良之水，沉淀物极微，有害之杂质极少，下写动植物及寄生虫卵，均不宜有，此又发现甚多。而细菌学试验，纯良水中，所含以愈少为愈佳，凡一C.C.中，以50至200为度，今则一C.C.中有一万零一百个，则相差更远矣。此项报告，以严格审定，需时较久，顷已送赴省署，而此案之真相既得，亦庶可告一段落矣[①]。

赵熽黄等人的检查化验分为理学试验、化学试验、显微镜试验、细菌试验等项，条目繁多，方法复杂，“费时约二星期，始克蒇事”，最终在5月17日形成详细报告书，并呈送省政府[②]，但是详细报告官方此时还没有公布。《申

① 《河道饮料检查实况》，《申报》，1926年5月30日，(223) 728。

② 《浙江省派会验嘉兴禾丰纸厂泄水官河案》，《申报》，1926年6月19日，(224) 444。

报》抢在官方之前公布水质调查详细结果，说明《申报》对嘉兴“废水风潮”的高度关注。面对东栅民众筑坝阻水行为，5 月 31 日，《申报》发出呼吁，希望官方能迅速介入：“查双溪桥河道为平湖、嘉善至嘉兴之要道，深望官厅对于纸厂督促其切实改良，俾浊水不再宣泄于外，一面劝导东栅人民，拆除坝基，以利交通。”①

“废水风潮”在嘉兴已扰攘大半年，嘉兴县政府深感“办理棘手”，不得不电请省政府出面解决②。省政府命令嘉兴县政府“妥为调解”，并派出一位督察长，会同办理。6 月 5 日，嘉兴水警区长方景铭、县长徐庆彪，亲至东栅镇劝慰。对于政府这次调解，东栅镇商号燃香点烛以表欢迎，同时在桌上安置清水及镜子等，希望官厅能秉公明断。徐县长当众做出四点决定：

一、双溪桥河流即日恢复交通。

二、纸厂在水塔未筑以前，不得工作。

三、推举代表，以便与厂方集议妥善解决方法。

四、此后纸厂仍泻泄污水，准东栅镇人民报县惩处③。

对于徐县长这四点表态，东栅民众“认为满意”，同意第二天拆除双溪坝基，同时推定代表，以便官方和厂方沟通交涉④。6 月 6 日，双溪桥坝基拆除，角里河交通也完全恢复，不过媒体并不认为“废水风潮”问题已经解决：“嘉

① 《双溪桥钉桩筑坝》，《申报》，1926 年 5 月 31 日，（223）754。
② 《纸厂泄水争执将由省委处理》，《申报》，1926 年 6 月 3 日，（224）56。
③ 《纸厂风潮告一段落》，《申报》，1926 年 6 月 7 日，（224）156。
④ 《纸厂风潮告一段落》，《申报》，1926 年 6 月 7 日，（224）156。

兴纸厂，时泻浊水，颇碍卫生，因之东栅人民，与纸厂谈判，以后不得再泄浊水，争执甚为剧烈，双方谈判，尚无圆转办法，解决恐非易易也。”[①]

按照6月5日徐县长的决定，禾丰造纸厂需造好滤水塔才能开工。但滤水塔显然不是一时就可以建好的，而禾丰造纸厂是嘉兴为数不多的机器工业，徐县长为“提倡实业”，6月17日上午，召集东栅民众代表与厂方代表讨论解决办法。禾丰造纸厂也“急于开工”，提出“用船装载毒水”[②]。最后，徐县长提议：“厂内所积污水，用船载往佘来庙一带倾泻，并由厂内赶造铁管，被污水直接流入船内，俾省人工，藉符滴水不入市河之原议。”[③]

“佘来庙”即今上海市松江区泖港，徐县长提议处理造纸废水的方式是典型的“以邻为壑”。废水转移他县，东栅民众不再受废水影响，纸厂也可以尽早复工，“双方均无异议”[④]，对于这一提议浙江省政府也“核准”[⑤]。

就在各方商量废水外运时，《申报》又丢出“炸弹”。6月19日，《申报》刊登了4月28日东栅镇双溪桥河水联合调查水质化验的最终结果。水质物理检测，色相“带类黄色”，“相当混浊”，嗅味“带有机物之腐臭”，水中“浮游物多量”；水质化学检验结果与卫生上鉴定之标准相比较，虽有

① 《开坝后之纸厂泄水问题》，《申报》，1926年6月10日，（224）224。

② 《浙江嘉兴东栅人民对于禾丰纸厂泻放毒水泣告》，《申报》，1926年7月29日，（225）703。

③ 《纸厂泻水问题近讯》，《申报》，1926年6月19日，（224）444。

④ 《纸厂泻水问题近讯》，《申报》，1926年6月19日，（224）444。

⑤ 《禾丰纸厂照常开工》，《申报》，1926年6月21日，（224）498。

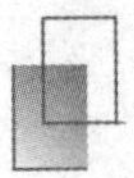

适合者数项，但细菌及有机质严重超标，依照万国卫生会及日本药学会之鉴定标准，“须绝对排斥之”。最后，其对该河段水质做出如下判决：“有碍卫生，不适于饮用。”[①]

这样的检验结果让禾丰造纸厂面临处理废水的空前压力。按照徐县长的提议，禾丰造纸厂一方面抓紧赶造泻水管，争取早日复工；另一方面将厂内积存污水，用船载往佘来庙一带倾泻。同时，按照以前的协议，造纸厂应雇工赶造滤水塔。在此形势下，6月20日上午6点，禾丰造纸厂复工生产。不过，为防止禾丰造纸厂再次偷排废水，嘉兴县政府及水警区方区长均派专员到厂“严重监察”，东栅人民则要求县政府“发给符号，雇定民船停泊厂前监视，以昭慎重”[②]。

然而，禾丰造纸厂复工不过两日，“又生枝节”。纸厂每天产生的废水“二万余担”，再加上积存的污水，“每日断不能如数出清”，结果废水并没有运往松江佘来庙，而是“在塘汇区之向家荡地方倾泻”[③]。塘汇区本是受纸厂废水影响地区，当地民众也曾因此到县政府请愿，将废水偷倒在塘汇区自然引当地民众的强烈不满。在县政府、水警署、东栅镇人民三方监督下，废水还是没有运到松江佘来庙而偷倒在向家荡，这让嘉兴县政府大为恼火。6月21日晚，县政府一面将相关人员“撤问”，一面令纸厂停产：

二十一日晚，县署所派驻厂监察陈某、水警署所派监

---

① 《浙江省派会验嘉兴禾丰纸厂泄水官河案》，《申报》，1926年6月19日，(224) 444。

② 《禾丰纸厂照常开工》，《申报》，1926年6月21日，(224) 498。

③ “向家荡”今作“湘家荡”。

察陈队长，及东栅镇人民所推监视人员徐某等，均一律撤问；一面由县电令该厂于二十二日起停工，另筹妥善办法[①]。

1926 年 6 月 22 日，禾丰造纸厂第三次因为“废水风潮”停产。因之前拟定将废水运往松江佘来庙，路途过远，泻水不能尽量载出。禾丰造纸厂便在厂基附近“购地二百余亩”[②]，将不能尽量载出之废水，“灌溉地上，可免倾泻入河”。23 日，纸厂照常开工[③]。

四、冲突白热化：《申报》上论战

在购地 200 余亩倾泻废水后，“废水风潮”逐渐得到缓和，禾丰造纸厂的生产也恢复正常。为宣扬将废水倾泻在空旷土地上是一种有效处理造纸废水的方法，禾丰造纸厂以董事长盛亮周的名义，自 1926 年 7 月 2 日起，连续 3 天在《申报》上刊发公告：

敬启者，本厂废水风潮喧扰日久，历经改善滤清方法，现已逐渐竣工，已照常开机出货。此次处置方法系参照美国纸厂先例，租购多数附近田地，俾受日光蒸化及土中吸收，庶废水不致入河。冀地方人士得相当谅解，以免再生枝节，恩恐远道传闻失实用，特敬陈大概，至希公鉴。董事长盛亮周启[④]。

① 《纸厂又告停工》，《申报》，1926 年 6 月 23 日，（224）544。
② 《纸厂泻水问题之近讯》，《申报》，1926 年 6 月 26 日，（224）618。
③ 《纸厂重新开工》，《申报》，1926 年 6 月 24 日，（224）568。
④ 《嘉兴禾丰纸厂股东公鉴》，《申报》，1926 年 7 月 2 日，（225）25。

该公告刊发在7月2日《申报》的头版，7月3日、4日，则刊在《申报》第二版，足见禾丰造纸厂相当重视。美国造纸厂当时如何处理废水，笔者并非美国史专家，无法确定，但将废水倾泻在土地上，依靠太阳蒸发、土壤吸收，在人多地狭的中国江南地区，其可行性与有效性值得怀疑。东栅民众并不认可这种处理方法："租赁邻近田地，四围略堆泥块为安顿毒水之用，恶臭难闻。试问平地放水，吸收能有几何?"①

造纸过程会产生大量废水，不从源头上解决废水问题，将废水倾泻在土地上显然"非持久之道"。了解造纸工艺的人也不看好直接将废水倾泻在土地上：

嘉兴甪里街禾丰造纸厂泻水问题，因未有完善办法，致积水不能尽量载出。现虽购地二百余亩，以备倾注污水，然亦非持久之道，故有忽而开工，忽而停工之报告。据个中人云，非俟建造之水塔工竣，难免再起纠纷②。

禾丰造纸厂在《申报》发布公告，本想宣扬厂方现有处理废水方式有效，并且符合国际惯例，希望获得当地民众的认可。然而，实际效果却出乎厂方的意料。东栅民众在看到禾丰造纸厂在《申报》发布的公告后，可以说是出离愤怒了。就在官方斡旋下，双方准备签订解决"废水风潮"方案时，东栅民众在"徐聚兴"业主徐觉生等人策划

---

① 《浙江嘉兴东栅人民对于禾丰纸厂泻放毒水泣告》，《申报》，1926年7月29日，(225) 703。

② 《纸厂泻水问题之近讯》，《申报》，1926年6月26日，(224) 618。

下，准备在《申报》上刊登“泣告书”。禾丰造纸厂得知消息后，派人用船装了3000银元送到徐家，作为“封口费”。徐觉生断然拒绝，说：“卖子孙，卖乡里的事，勿做!”①

7月29日，东栅徐觉生等自筹200银元，在《申报》发布“泣告”，将禾丰造纸厂开业以来排放毒水、危害民众的种种罪端公之于众：

泣告者，我镇处汉、魏两塘之交角里河，下游人烟稠密。自禾丰纸厂开办后，日夜泻放毒水，致清水顿变毒流。镇人奔走呼吁，省派委员暨民聘化学家会同化验，毒水之毒乃大彰，群知妨碍卫生而抵制愈烈。讵厂方枭獍性成，毫不怜恤，泄放愈多（据厂方自云，日夜吸水三万五六千担）。镇人万不得已，筑坝自保。官厅知民情愤激，令厂停工，嗣经徐县长、方区长莅镇劝谕，镇民惟有哀求泣告，冀保生命，对于土坝立即开去（筑坝至开坝相距旬日），但得毒水不流，即为已足。援厂方急于开工，乃有用船装载毒水之法，镇人颇表赞同，旋有商民监视团之组，严定规程，呈县核准实行。讵厂方忽又变更，停止载水；又据盛沅朦禀省峰（见盛沅宣布于《嘉兴日报》之函件），诬商家为游民指监视，为滋扰且粉饰其词，已有一次，始则买言，言聘请王祉（君）工程师从事改良，不久王祉（君）声明，该厂诈伪，将诉诸法律，云云，其欺骗者一也。继又面禀县长，聘美工程师大加改良，迟至今日，仍未实行，其欺骗者二也。该厂自当装载毒水他运，乃因吸水过多，装载

① 据薛家煜对徐觉生的曾孙徐振辰的访谈。

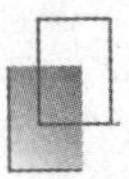

困难，不二日即告废止，其欺骗者三也。最后有租赁邻近田地，四围略堆泥块为安顿毒水之用，恶臭难闻，试问平地放水，吸收能有几何，其欺骗者四也。以上四端不适，举其大略耳，其它欺厌诈骗，不可胜记，现虽由公正人邀集双方洽议签字，而镇人以为不过暂告一段落，并非终结，深恐外界不明真相，以镇人甘受荼毒，用将始末宣之报端，至希公鉴[①]。

《申报》是当时中国发行量最多、范围最广、影响力最大的报纸，东栅民众的“泣告”，让外界知道了持续近一年的“废水风潮”的真相：禾丰造纸厂“枭獍性成，毫不怜恤”，东栅民众不得已采取“筑坝自保”的断水措施，官厅“知民情愤激”，“令厂停工”。厂方急于开工，用船将毒水运至远处倾泻，对此该镇民众颇表怀疑，派人监视。最重要的是东栅民众认为，“废水风潮”的关键是“纸厂污水不入河”，以“澄清公众饮料”，而将废水倾泻在租赁的平地上并不能根本解决废水问题，只有建造滤水塔，从源头上处理污水，才能有效解决。故在他们看来，即将签订“废水风潮”解决方案，不过是“暂告一段落，并非终结”。最终，在官方的协调下，双方签订如下解决办法：

甲、纸厂所建筑之水塔，由省委会县察看工程，并在赶造，向据厂方言，本月以内（夏历六月二十六七）（8月5日、6日）定可完工。应令厂方依限竣工后，滤出之水，

① 《浙江嘉兴东栅人民对于禾丰纸厂泻放毒水泣告》，《申报》，1926年7月29日，（225）703。

不含毒：一、“不伤生物，无碍食用”；二、不变水色（以双溪桥河流无色为度，并无妨碍丝染洗濯等用）；三、不发臭气，“无碍卫生”，方得入河。

乙、纸厂租地吸水。补助水塔之不足，自属切要之图，应责令厂方多租地亩，稗输流滞泻，足敷将来泄水之用。

丙、厂后九曲港，经省委会同县勘明，应责成厂方，赶紧设法，限四个月内，将浜内污水去除。

丁、东栅监视团之设，据称因厂方设备未妥，经三方洽商，人民为慎重饮料起见，故而加入，现水塔不日竣工，俟厂中设备完竣，东栅监视团应即撤销，惟在监视期内，双方均须和平，遇事嘱本官厅办理，不得直接交涉①。

1926年8月上旬，禾丰造纸厂滤水塔完工，“废水风潮”基本停息。只是滤水塔仅能过滤掉废水中部分纤维杂质等，完全处理废水还需要一系列的生化工艺。东栅民众聘请的浙江省立医药专门学校药科教授周冠三，在给东栅民众寄污水化验简易报告时指出：“此等有害物溶解水中，难用器械方法，亦不能除去，据此则该厂建筑水塔亦不过滤去渣滓及固定物质耳，将来泄出之水即无色素而其中之毒素，如多数细菌、阿摩尼亚及有机质等，俱为饮料中绝对不可含有之物，仍未滤去，依然不能作为饮料。故此后该厂滴水不入河渠，方足以蠲人民之反对，否则应认为故意妨害公众饮料，起而抵制也。”②

① 《泻水问题解决条件》，《大浙江报》，1926年8月4日，第7版。

② 《聘请化学专家将禾丰纸厂所泄之水会同省委员详细化验》（1947年9月27日），嘉兴市档案馆，档号：L304-002-166-092。

这个信函有鼓励东栅民众反对禾丰造纸厂排放废水的意味。9月1日下午，东栅镇一鱼行“鳗鱼忽毙”，聚集百余人，向禾丰造纸厂诘责，引发双方激烈冲突。在争执过程中，有人乘机闯入厂中事务室，将室内器物“尽量捣毁”，并波及滤水塔之出水、进水管，幸好众人并未闯入工厂生产车间，“未酿巨祸”，只是孙三观稍受微伤[①]。

这次冲突是禾丰造纸厂投产以来，首次受到暴力冲击。之前的多次“废水风潮”，包括在厂外请愿，也没有发生肢体冲突。因事态严重，当天嘉兴县徐县长亲自前往查勘。对于厂中器物被毁原因，双方都指责是对方所为：东栅民众认为“该厂自行捣毁”，厂方则谓“东栅人有意捣毁”。9月2日，双方同时呈诉至省政府，“请求究办”[②]，“旋即和解了事”[③]。

自此至1927年年底禾丰造纸厂停产，不见《申报》上

---

① 《禾丰纸厂又起争端》，《申报》，1926年9月3日，(227) 62。

② 《禾丰纸厂又起争端》，《申报》，1926年9月3日，(227) 62。

③ 榕：《“黑水”化验的结果，不堪作饮料，有益农作物》，《国民日报、嘉兴民国日报、嘉兴人报联合版》，1948年9月25日。注：“榕”在回顾抗战前“废水风潮”时有多处错误：“民丰造纸厂在民国十五年（应为‘十七年’）以前原来叫禾丰纸厂，系已故乡贤褚辅成先生所经营的，到十五年下半年（应为‘十七年’）租给金城（应为‘竟成’）纸厂，由王一亭主持，至十七年（应为‘十八年’）顶让给民丰，禾丰与金城（应为‘竟成’）发生法律纠纷，至十八年十一月案件解决，始由民丰正式接办（实际上是1930年3月）。在民国十二年（应为‘十七年’）金城（应为‘竟成’）接办时期，曾经也因为泄放废水和乡民发生纠纷，据说当时该厂曾被捣毁，旋即和解了事”。其中“在民国十二年（应为‘十七年’）金城（应为‘竟成’）接办时期，曾经也因为泄放废水和乡民发生纠纷，据说当时该厂曾被捣毁，旋即和解了事”，更是难以理解。竟成租赁禾丰是在民国十七年（1928），而此时期并无“捣毁”相关记载，疑：“榕”所说“该厂曾被捣毁”应该是指1926年9月1日禾丰造纸厂事务室被“捣毁”。

刊登“废水风潮”相关报道。这可能有两方面原因：一是禾丰造纸厂4座滤水塔建成，虽然不能完全解决废水污染问题，但毕竟会滤去“渣滓”等固态物及部分悬浮纤维，如此一来入河的废水至少在感观上会好很多；二是自1926年起，禾丰造纸厂产品滞销，经营困难，很难满负荷生产，致使排污减少。

第三节　“废水风潮”与禾丰破产停业

一、日货倾销与“废水风潮”：禾丰破产停业的两种说法

1927年年底，禾丰造纸厂破产停业。对于禾丰造纸厂破产停业的原因，相关文史资料、新修方志等今人的研究成果均认为主要是日货垄断倾销，造成经营困难。如杨鑫海在《褚辅成创办禾丰造纸厂》一文中称：

当时国内已有六家造纸厂生产黄板纸，由于日商垄断纸张市场和同业中的削价竞争，使禾丰造纸厂面临严峻困难。上海竟成纸厂为在同行业中夺取垄断地位，凭其经济实力，削价大量抛售黄板纸，顿使市价一落千丈，由每吨纸50余元降到37元。日商更是仗势削价，如果华商卖40元一吨，日商就卖38元，华商卖38元，日商就卖36元，企图以此压垮中国厂商，独霸市场。结果全国共有五家造纸厂被压垮倒闭，禾丰造纸厂就是其中的一家……终因无

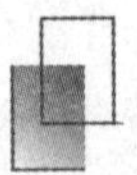

强硬的政治背景和雄厚的经济实力，到1927年末，禾丰造纸厂负债已达40余万元，不得已依据旧中国的有关破产法律，宣告破产，要求保护[①]。

《民丰志》亦称：

由于当时中国处在半殖民地地位，关税不能自主，日商钻了黄纸板卷筒免税的空子，在中国沿海市场压价倾销，加上国内同行之间相互削价竞争，致使黄纸板市价暴跌。禾丰厂出货后，黄纸板吨价从60元跌至37元，产品积压，资金周转不灵，出现严重亏损。16年（1927）底，禾丰厂负债已达40余万元，不得已宣告停业[②]。

严国海在《中国近代国货名牌的创立》一书中，也持同样的看法：

20年代，中国民族造纸工业受到了帝国主义特别是日本的沉重压迫，禾丰厂也难逃厄运。它于1923年投产后（按：应为1925年），由于资力薄弱，所生产的黄版纸经不起日本的版纸倾销，以至连年亏损，无法维持而宣告破产[③]。

不过，《申报》多次提到是“废水风潮”造成了禾丰造

---

① 杨鑫海：《褚辅成创办禾丰造纸厂》，《嘉兴市文史资料》第3辑《褚辅成专辑》，杭州：浙江人民出版社，1991年，第63页。

② 《民丰志》编纂委员会编：《民丰志（1923—1996）》，北京：中华书局，1999年，第4页。

③ 严国海：《中国近代国货名牌的创立》，上海：立信会计出版社，2000年，第251页。

纸厂停业:

嘉兴东门外之禾丰造纸厂，所出纸版，尚合社会需用，故销路颇佳。惟泻水问题，有关饮料，致该厂附近民众，表示反对，姑告停业①。

嘉兴东门外角里街禾丰造纸厂，前因泻泄污水，引起东栅镇民反对，因之该厂渐至亏蚀倒闭②。

嘉兴角里街前年开设之禾丰造纸厂，因泄泻污水，致遭东栅镇民之反对，亏本颇巨，爰即宣告停业，并将全部机件厂屋等出抵于商业银行义康钱庄③。

的确，持续不断的“废水风潮”给禾丰造纸厂的正常生产带来一定冲击。据《申报》的记载，1926 年，因“废水风潮”，禾丰造纸厂停工 3 次，共计 21 天。同时，“废水风潮”增加了禾丰造纸厂的生产成本。自禾丰造纸厂确定在角里街建设后，“废水风潮”就与之相随，相关诉讼、抗议、请愿不断，耗费了禾丰造纸厂一定精力；而建造滤水塔 4 座、租地倾泻污水、租船提供清水等等，无疑增加了禾丰造纸厂的经济成本。

二、生产过剩，同业竞争：禾丰破产停业真正原因

“废水风潮”虽对禾丰造纸厂的生产造成一定影响，但并不是它破产停业的主要原因。其实，国内纸版生产过剩，

① 《嘉兴纸厂继续开办》，《申报》，1928 年 5 月 17 日，(246) 452。

② 《禾丰厂基实行标卖》，《申报》，1928 年 11 月 29 日，(252) 816。

③ 《禾丰纸厂债务定期审理》，《申报》，1929 年 5 月 14 日，(258) 356。

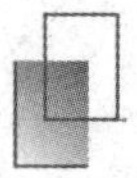

同业竞争才是禾丰造纸厂停业的根本原因，与日货、“废水风潮”没太大关系。

中国近代工业基础薄弱，欧美各国原来多有纸版向中国输出，后来国内黄版纸市场几乎由日本独占。随着中国近代工业的逐渐发展，对纸版特别是黄版纸的需求日益增长。“一战”后，列强重新加紧了对中国的经济侵略，工商业总体上经历着由盛变衰的转折，但机器造纸工业却较为特殊。1920—1925 年，中国机器造纸工业接连成立了 6 家纸版厂，年产能为 29500 吨，1927 年达 34000 吨①。然而，限于经济发展水平，中国纸版市场相对较为狭小。1926 年，国内消费量“年不过一万二三千吨”，如此“岂不生产过剩”②，“供遇过于求”③。

由于国内纸版生产过多，为了占领国内市场，谋求生存，各纸版厂竞相降价。黄版纸价格每吨售价，由最高时达“百两以上”，至 1926 年最低时只有“三十几两”④，而纸版的成本近“40 两”⑤，造成各纸版厂“难得利益”⑥，最终造成多家纸版厂破产。

---

① 徐新吾主编：《中国近代造纸工业史》，上海：上海社会科学院出版社，1989 年，第 106、130 页。

② 张天荣：《最近纸版工业之状况》，《申报》，1926 年 5 月 19 日，（223）466。

③ 沈叔夏：《中国造纸所需原料问题》，《申报》，1928 年 6 月 12 日，（247）342。

④ 张天荣：《谈纸版工业》，《国货评论刊》，1929 年第 2 卷第 9 期，第 4 页。

⑤ 徐新吾主编：《中国近代造纸工业史》，上海：上海社会科学院出版社，1989 年，第 110 页。

⑥ 张天荣：《最近纸版工业之状况》，《申报》，1926 年 5 月 19 日，（223）466。

迨民国十年以后，始有仿制外国纸版之厂，相继分设于上海、嘉兴、天津、杭州、苏州等处，但因国内产销毫无统计，纸版生产，乃供过于求，各厂皆以粗制滥造，减低成本，跌价竞销，率至先后倒闭，工厂易主①。

徐新吾认为，禾丰造纸厂生不逢时，它是1920—1925年中国6家纸版厂中最晚成立的一个，投产即遇到国内同业的激烈竞争，销路困难，以致“该厂经营不久，即濒于停顿”②。徐新吾的看法是非常有道理的，除了上述史料，还有其他史料可以证明，如：

民丰厂原名禾丰，创设于民国十三年，十四年夏季开工，由嘉兴人褚慧僧等所建立，后因受同业倾轧，资本周转不灵，宣告停业③。

该厂设于嘉兴，成立于民国十九年，初名禾丰造纸厂，为嘉兴士绅发起创办，专制纸版，以后同业竞争，贬价出售，以致亏蚀停闭④。

接办禾丰造纸厂的金润庠也称其是“因同业竞争亏本倒闭”⑤，故而笔者认为，“废水风潮”虽对禾丰造纸厂的

① 金润庠：《造纸工业概观》，《商业月报》，1946年第22卷第5期，第1页。

② 徐新吾主编：《中国近代造纸工业史》，上海：上海社会科学院出版社，1989年，第130页。

③ 陆公英：《浙江之机器造纸业》，《国际贸易导报》，1933年第5卷第10期，第227页。

④ 《民丰造纸厂股份有限公司》，《征信日报》，1943年，特1453，第4页。

⑤ 金润庠：《我不再起伏不定动荡不安》，《工商界》，1956年第2期，第29页；亦见陈真、姚洛编：《中国近代工业史料》（第1辑）《民族资本创办和经营的工业》，北京：生活·读书·新知三联书店，1957年，第555页。

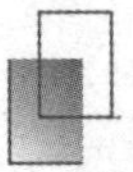

正常生产产生一定影响，但不是造成禾丰造纸厂破产停业的根本原因。国内纸版生产过剩、同业竞争才是破产的关键所在。

本章小结

综观民国时期嘉兴禾丰造纸厂的“废水风潮”，可以说是在褚辅成意料之外的，他想到了在角里街设厂“不影响嘉兴城镇人民饮水”①，却没想到下游民众会为了饮用水源进行如此大规模的持续斗争。通过禾丰造纸厂“废水风潮”的发展过程，我们可以得出以下结论：

首先，“废水”问题在当时并不被视为破坏了“自然环境”，只是因为造成了饮用水污染，而被视为一个“卫生”问题、“民生”问题。换句话说，如果禾丰造纸厂的废水没有污染东栅民众饮用水源，就不大会有持续不断的“废水风潮”。因此，在“废水风潮”中，无论是东栅民众，还是官方，以及禾丰造纸厂都没有从“自然环境”或者“环境保护”的角度来谈“废水”问题：东栅民众提议“取缔”和“迁移”禾丰造纸厂，根本目标是“纸厂污水不入河”，以“澄清公众饮料”，即饮用水的安全与卫生；官方也没有从“环境”角度处罚禾丰造纸厂。笔者在这里谈此问题，

① 杨鑫海：《褚辅成创办禾丰造纸厂》，《嘉兴市文史资料》第3辑《褚辅成专辑》，杭州：浙江人民出版社，1991年，第62页。

并不是强求民国时人一定要有“环境保护”的观念，而是本书要探讨民国时期国人在面对工业废水问题时有没有“环境”及“环境保护”的观念与意识。

其次，我们可以发现，当时基层的民众运动已达到一个相当高的水准。“废水风潮”中，东栅民众从诉讼、请愿、集会、罢市到筑坝断水、舆论宣传，组织得井井有条，东栅社会各阶层（镇绅、商户、农民等）团结得相当紧密，敢于斗争，也善于斗争。在斗争的形式上，除了有一次冲击禾丰造纸厂事务室之外，整体上看是“和平”的，并无暴力冲突，虽然东栅民众对纸厂排放废水恨之入骨。

再次，官方在“废水风潮”中的态度应该说是偏向民众的。在五四运动前后，“实业救国”论盛行不衰。嘉兴县虽然要“提倡实业”，但还是要“顾及饮料”。也许是因为禾丰造纸厂的废水的确造成了东栅民众饮水污染，在面对东栅民众运动时，官方主要是安抚民众，要求厂方解决污染问题，甚至3次责令停工，共计21天。作为浙江省实业厅委派化验东栅受污染河水水质的代表，浙江省立医药专门学校药科赵燏黄教授先后将详细化验报告书、事件经过等发表在相关杂志上[①]，并得出“有碍卫生，不适于饮用”的化验结论。这种敢于说真话的行为，无疑推动了“废水

① 赵燏黄：《嘉兴东栅镇西市河道饮料水试验报告书》，《科学》，1926年第6期，第821—827页；赵燏黄：《嘉兴禾丰造纸厂泄水之试验成绩报告书》，《浙江实业季刊》，1926年第2期，“报告”第6—16页；赵燏黄：《会验嘉兴禾丰纸厂泄水官河案（附表）》，《医药学》，1926年第9期，第11—30页；第10期，第48—66页；赵燏黄：《会验嘉兴禾丰纸厂泄水官河案（附表）》，《药报》，1926年第36期，第6—37页。

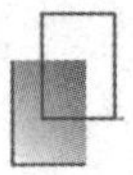

风潮”的发展。

最后，“新媒体”在这一时期的“废水风潮”中发挥了强大的舆论引导作用。自禾丰造纸厂准备筹设之消息传出开始，《申报》就从“实业”发展的角度进行了持续报道。当“废水风潮”发生后，《申报》也一直追踪事件的进展。除了《申报》之外，《大浙江报》也比较关注此事。同时，一些杂志，如《科学》《浙江实业季刊》《医药学》等也刊登有“废水风潮”的相关内容，这使得“废水风潮”得以广泛传播，使更多的人了解到事件真相。从这个意义上讲，当时的《申报》等“新媒体”支持了东栅民众的“废水风潮”运动。

第三章　竞成造纸厂租赁时期的“废水风潮”(1928—1929)

第一节　竞成租赁禾丰的背后

一、竞成成功的原因

禾丰造纸厂投产之际，正是国内黄版纸业竞争激烈之时，纸版价格暴跌，甚至降到生产成本以下，禾丰造纸厂的产品积压、资金周转不灵，出现严重亏损。1927年年底，禾丰造纸厂负债已达40余万元，宣告停业①。

1928年初，由禾丰造纸厂董事褚辅成、黄畏三出面担任破产清理人，将禾丰造纸厂出租给上海竞成造纸公司(竞成造纸一厂)。竞成造纸公司在租得禾丰造纸厂后，即

① 《民丰志》编纂委员会编：《民丰志(1923—1996)》，北京：中华书局，1999年，第4页。

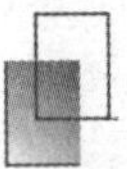

将其改名为竟成造纸公司第四厂①。

上海竟成造纸厂在国内同业激烈竞争下能够扩张的原因，相关文史资料强调其背后是日本人在支持，因该公司经理王叔贤是“日资日清公司买办王一亭的儿子”②。笔者暂未找到史料证明日本人在竟成造纸厂扩张中所起的作用，相反已有的一些史料说明竟成造纸厂成功的原因是其自身经营得法。据杭州武林造纸公司工程师张天荣分析，有以下四点原因：

一、竟成以十数万元，购日本之旧机器，租某交易所之机房充厂屋，固定资本轻；他厂则购新机，买地皮，造厂屋，种种设备，所费何止数倍。

二、竟成设在上海，比他厂可省运费。

三、竟成之货，南洋兄弟香烟公司销路最大，虽黄版纸价格最低（每吨三十几两）之时，彼能专做灰色纸版，供香烟公司之需要，不受市面影响。

四、经理为王一亭之公子王叔贤先生，王一亭先生为慈善家兼实业家，故其经营方法继述乃父，自当出人头地③。

成本低、运费省、转产专做“灰纸版”、有家族传统，

① 杨鑫海：《褚辅成创办禾丰造纸厂》，《嘉兴市文史资料》第3辑《褚辅成专辑》，杭州：浙江人民出版社，1991年，第63页。

② 杨鑫海：《褚辅成创办禾丰造纸厂》，《嘉兴市文史资料》第3辑《褚辅成专辑》，杭州：浙江人民出版社，1991年，第63页。

③ 张天荣：《谈纸版工业》，《国货评论刊》，1929年第2卷第9期，第4页。

除此之外，还因有薄纸生产帮助周转①。所以，在懂经营的王叔贤带领下，面对激烈的同业竞争，上海竟成造纸厂仍能维持生产并进一步扩大，先后租借停业的天津振华、苏州华盛及嘉兴禾丰造纸厂，以一厂而扩充为四厂，其经理王淑贤被称为“中国纸版大王”②。

二、国货的前途：竟成造纸厂

王叔贤在相关文史资料中被描述为有日资背景的“买办资本家”，有垄断中国纸版业的野心③。确实，王叔贤有此企图，在租赁禾丰造纸厂后，被称为“中国纸版大王”，但是能获此称号，是因为其经营得法，与日资并无关系。而且在某种程度上说，正是因为王叔贤挽救了中国纸版业，所以被当时主流媒体《申报》视为中国“国货前途”：

前日下午二时，本埠竟成造纸公司，在总公司召集股东会，到会股东数十人，皆沪上商界巨子。由该公司总理王叔贤君主席，报告公司经过情形及本届账略后，改选董事及监察人。结果，陈少舟、林康侯、陈蔗青、周吉之、李朗渠、群鹏飞、王叔贤君等七人当选为董事，丁芷舫、李庆余二君当选为监察人。闻该公司共设四厂，制品产量，每年在三万吨以上，销行国内国外，颇为发达。本届新董

① 徐新吾主编：《中国近代造纸工业史》，上海：上海社会科学院出版社，1989 年，第 131 页。

② 张天荣：《谈纸版工业》，《国货评论刊》，1929 年第 2 卷第 9 期，第 4 页。

③ 杨鑫海：《褚辅成创办禾丰造纸厂》，《嘉兴市文史资料》第 3 辑《褚辅成专辑》，杭州：浙江人民出版社，1991 年，第 65 页。

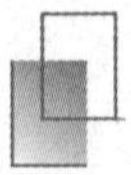

事对于公司事业上，更有刷新计划，不日可见实施，亦国货前途一好消息也[①]。

在1929年编修的《嘉兴新志》中，竟成四厂作为嘉兴实业的代表，选用其生产车间的一张照片作为插图（图7），足见竟成四厂在嘉兴的地位。

第四十圖　竟成第四紙廠滚紙機

图7　竟成第四造纸厂滚纸机

资料来源：民国《嘉兴新志》，台北：成文出版社，1970年影印本，插图。

竟成造纸厂利用“国货运动”来发展自己，的确做了不少努力。1928年5月15日，国民政府批准竟成造纸厂申请的“金熊”商标图案，该商标中有“完全中华国货”6个字（图8），而在1926年禾丰造纸厂申请的“禾丰”商标中还无“国货”字样（图9）。虽然“国货运动”有时代

① 《竟成造纸公司股东会记》，《申报》，1928年9月11日，(250) 314。

背景原因，但这也从一个侧面说明王叔贤确实会经营。

图 8　上海竟成造纸有限公司注册商标

资料来源：《商标公报》，1928 年第 4 期，第 46 页。

图 9　嘉兴禾丰造纸厂注册商标

资料来源：《商标公报》，1926 年第 85 期，第 216 页。

1928 年，竟成造纸厂呈请国民政府农工商局颁发“国货证明书”，并在 7 月获得了批准[①]；同年 10 月 18 日，国

① 《农工商局批示汇总》，《申报》，1928 年 7 月 31 日，（248）892。

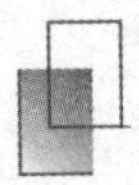

民政府财政部批准竟成造纸厂按照机制洋式纸版及纸张援例免税的申请：

查该公司所制之金熊牌纸板及纸张，业经查明，确系机器仿制洋式货物，所用金熊商标并经注册有案，应准援例按照机制洋式货物完税办法办理，即于运销国内时由经过第一关局征收正税、内地税，各一道后，概不重征；运销国外，并准豁免一切税厘，以示鼓励，除分令各厅关司遵行，外合批仰知照，此批。中华民国十七年十月十八日[①]。

冯筱才曾称，对“经济民族主义”口号的利用，是近世工商业者的一个营业策略，“国货运动”是一些商人“持久不息的爱好”，不但可以与“爱国”民众站在一起，还期许获得政府的实业支持或补助[②]。王叔贤的经营完全体现了这一点。

第二节　持续不断的“废水风潮”

一、废水：生产前东栅民众的警告

“废水风潮”扰攘禾丰造纸厂多时，媒体也曾广泛报道。因此，上海竟成造纸厂在租赁禾丰造纸厂后，不得不

① 《国民政府财政部财政日刊》，1928 年 10 月 18 日，第 279 号，“呈批”，第 8 页。

② 冯筱才：《在商言商：政治变局中的江浙商人》，上海：上海社会科学院出版社，2004 年，第 47、48 页。

考虑造纸废水问题。1928 年 6 月，竟成四厂开工生产，在生产前厂方请嘉兴县商会出面[①]，称“此次所造，系灰色纸版，所用原料，纯系破纸，毫无毒素羼入”[②]。

东栅民众曾经深受禾丰造纸厂排放废水的毒害，好不容易等到禾丰造纸厂破产停业，可以不再受纸厂废水侵扰。对于竟成四厂“毫无毒素”的声明，东栅民众仍“怀疑不释”，并“向该厂警告，请其未雨绸缪，改营他业”[③]，以表明东栅民众抵制废水的决心。

二、冲突首现：请愿呈控

1928 年 7 月 19 日，一场大雨过后，竟成四厂污水流出，打破了厂方之前“毫无毒素”的誓言。东栅民众 200 多人，赴嘉兴县指委会及县政府请愿[④]。嘉兴县政府马上派人前往竟成四厂调查真相，经查勘属实，县政府“令饬该厂切实改良，以图补救，而洁饮料”[⑤]。

然而，嘉兴县政府的命令并未取得实际效果，“时经月余，仍未改善”。9 月初，废水连日泻入河中，附近乡民群起向东棚镇政府“严词诘质”，要求解决废水污染饮用水问题。9 月 5 日，东栅民众召开会议，商议彻底解决办法，最

① 《纸厂泄水又起纠纷》，《申报》，1928 年 9 月 6 日，（250）163。

② 《东栅民众对于造纸厂之不满》，《申报》，1928 年 6 月 13 日，（247）353。

③ 《东栅民众对于造纸厂之不满》，《申报》，1928 年 6 月 13 日，（247）353。

④ 《纸厂泄水又起纠纷》，《申报》，1928 年 7 月 21 日，（248）610。

⑤ 《纸厂泄水又起纠纷》，《申报》，1928 年 9 月 6 日，（250）163。

后提出两方面对策：一方面，推选代表赴县政府、省政府请愿，希望官方对竟成四厂施压，让厂方切实改良；另一方面，成立事务所，组织开展相关抵制活动。这两个方面内容同时分头进行，“以示抵制之决心”①。

东栅民众联合一致、坚决抵制废水的行动起到了一定的效果。东栅镇商号“徐聚兴”业主徐觉生，曾在1926年呈请浙江省实业厅要求迁移禾丰造纸厂，这次他呈诉浙江省政府民政厅，要求竟成四厂停工，以维民命。1928年12月，浙江省政府民政厅驳回了他的请求，原因是“据会同各机关团体代表勘明该厂泄水设备业已改良，河水未见恶浊，厂后小滨已责成该厂开挖，该徐聚兴等所请饬令停工一节，暂毋庸议”，不过同时也要求嘉兴县政府，“仍由该县长督率该管警所，随时查察取缔，以重卫生”②。

三、原料变稻草，冲突再起

竟成四厂在生产前，曾声明该厂将生产“灰纸版”而非“黄纸版”，发誓造纸原料是“破纸”，并“决不使污水泻入河流，致妨饮料”。然而，1929年1月中旬，东栅民众发现，竟成四厂的原料仍然是“稻草”，且“泄放毒水，妨害饮料”，以致东栅民众“又起烦言”。嘉兴县第三区党部暨东栅镇村里制筹备会呈请嘉兴县指委、县政府“迅行制

① 《纸厂泄水又起纠纷》，《申报》，1928年9月6日，（250）163。

② 《令嘉兴县县长呈一件民人徐聚兴等呈诉竟成纸厂泄放毒水妨害公众饮料请派专员查勘饬令停止改良以维民命由》，《浙江民政月刊》，1929年第1卷第14期，《公牍·卫生》，第158页；《浙江省政府公报》，1929年第510期，第7页。

止停工，切实改良”。嘉兴县长亲自前往查勘后，一面劝导东栅民众静待解决办法，一面呈请浙江省建设厅给出解决办法[①]。

虽然嘉兴官方让东栅民众静候解决办法，但两个多月过去后还是不见消息。1929 年 3 月底，竟成四厂又大放污水，“致河流尽黑，鱼虾浮毙”。东栅民众“为生命计”，再次行动起来：一面推举代表向县政府请愿；一面撰拟“泣告书”，沿途分发，让全镇民众知道竟成四厂排污的真相[②]。

除了向县政府请愿施压，东栅民众还向常丰、东原两里委会报告，要求“设法制止”。面对乡亲的“催迫”，两位里长倍感压力，他们也向嘉兴县政府请愿，然而县政府也给不出有效的解决方案，两位里长便提出了辞呈[③]。

在此形势下，4 月 5 日，嘉兴县县长召集常丰、东原两里全体职员及东栅民众举行联席会议，报告了竟成四厂“泄毒状况”，并提出准备请示省政府。东栅民众为给竟成四厂施压，提议县政府禁止竟成四厂的汽车在角里街的煤屑路上行驶，且要求责令竟成四厂将该路之凹陷处从速修整，如竟成四厂需要行驶汽车，应另筑一路[④]。提出这个建议当然是东栅民众愤怒的表现，因为该路“在嘉兴城东六里，有角里街以与城联络，现由竟成纸厂出资改筑为煤屑

① 《纸厂泻水问题之请核》，《申报》，1929 年 1 月 14 日，（254）348。

② 《纸厂泄水问题之难解决》，《申报》，1929 年 4 月 5 日，（257）119。

③ 《厅令纸厂改善泄水》，《申报》，1929 年 6 月 27 日，（259）753。

④ 《东栅民众对于纸厂之集议》，《申报》，1929 年 4 月 7 日，（257）178。

路，因改名竟成路，人力车可以畅驶矣”[1]，可见在很大程度上也方便了东栅民众出入县城。

4月14日，为调查竟成四厂生产的真实情况，东栅镇常丰、东原两里委会王止柔、荪莘生、朱浚卢等，会同嘉兴县党部朱振凡、县政府代表陈云卿，到竟成纸厂查勘生产原料和排放的废水。现场所见一切，使之前东栅民众的呈控得到了证实：“至查察原料室，毫无废纸存在，后面空地，稻草堆积如山，泄水管流出黑水，臭不可闻。”[2]

这与竟成四厂生产前宣称的“以废纸及循环水造纸显有不符”。嘉兴县政府代表陈云卿要求竟成四厂“切实设法改善”，同时“电省请示”[3]。6月26日，嘉兴县政府终于等到了浙江省民政厅的指令：

兹悉省民政厅，已于日昨指令到县，略谓竟成纸厂，近又泄放臭水，妨害饮料，殊属藐视公共卫生，亟应严加取缔，仰即责成该厂克日改良，不得恣意延缓，致干重咎[4]。

省民政厅的指令也许对解决竟成四厂排放废水起到了一定作用，之后不见该厂“废水风潮”的相关报道。不过，还一种可能是禾丰造纸厂被收回，生产停止。早在1929年1月16日，民丰造纸股份有限公司就与禾丰造纸厂正式签

① 幼甫修、陆志鸿等纂：《嘉兴新志》，台北：成文出版社有限公司，1970年影印本，第61页。按，据薛家煜调研，东栅民众对命名为“竟成路”并不认可。

② 《查勘纸厂泻水》，《申报》，1929年4月15日，（257）403。

③ 《查勘纸厂泻水》，《申报》，1929年4月15日，（257）403。

④ 《厅令纸厂改善泄水》，《申报》，1929年6月27日，（259）753。

订买卖契约，禾丰造纸厂全部财产作价 28 万元，转让给民丰造纸股份有限公司。但是由于王叔贤拒不移交，经过讼诉才获解决，以至民丰造纸股份有限公司 1930 年 3 月才在上海召开创立会①。

第三节　禾丰造纸厂争夺战

一、垄断：竟成争夺的目的

前文已述，因同行竞争，禾丰造纸厂亏损严重，于 1927 年年底停业；1928 年年初，租给上海竟成造纸公司，改名为竟成造纸公司第四厂。按照文史资料、厂志的相关说法，这是王叔贤想吞并禾丰造纸厂，建立纸版业垄断地位的第一步。

杨鑫海称，这是为了彻底搞垮禾丰造纸厂，使之破产拍卖，然后低价收购。因为按照租赁协议，租金应月月结清，但是王叔贤拖延多月，不付清租金，使禾丰造纸厂的日子更加难过。不过，禾丰造纸厂识破其阴谋，到 1928 年冬向王叔贤提出终止租厂的合同②。

其实，王叔贤拖延多月不付租金，实际上是因为扩张

① 《民丰志》编纂委员会编：《民丰志（1923—1996）》，北京：中华书局，1999 年，第 4、5 页。

② 杨鑫海：《褚辅成创办禾丰造纸厂》，《嘉兴市文史资料》第 3 辑《褚辅成专辑》，杭州：浙江人民出版社，1991 年，第 63 页。

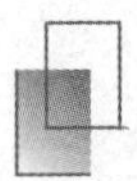

过快，资金出现严重问题。虽然王叔贤拥有4个厂，被视为“中国纸版大王”，他自以为已实现了集中垄断的企图，又谋在南洋方面打开销路，但是，竟成造纸厂的基础毕竟还很薄弱，“以有限之资本，而营极大之事业，不免成尾大不掉之势”，以致情况转趋困难。当时，纸版市场的市价是每吨45两，而竟成造纸厂常被经销商涌生泰、裕泰良两家杀价，另外推销到南洋各地的货价又要比上海市价减价20%，因此造成负担利息过多，经营日益困难，最终导致竟成厂对所租各厂的租金拖欠不付。结果是有些厂在租期未满时即由原主另行出售（如禾丰造纸厂），有些厂则由王叔贤之兄经手退还原主①。

一方面缺少资金，一方面又想兼并禾丰造纸厂，王叔贤想到了拍卖禾丰造纸厂房产。禾丰造纸厂因欠银行贷款，曾将房产抵押给嘉兴县商业银行。王叔贤得知后认为有机可乘，就串通银行，以清理禾丰厂债权为借口，诉之于嘉兴地方法院，企图招标拍卖，设法低价得标，把禾丰厂占为己有。1928年11月29日，《申报》上刊登了禾丰造纸厂拍卖的消息：

嘉兴东门外角里街禾丰造纸厂，前因泻泄污水，引起东栅镇民反对，因之该厂渐至亏蚀倒闭。嗣经债权人申诉，地方分院集讯，业奉鉴定价格，标卖偿债，核定厂屋及机件等最低标价洋五万五千七百二十五元，地基二十二亩，

① 徐新吾主编：《中国近代造纸工业史》，上海：上海社会科学院出版社，1989年，第131页。

最低标价洋六千六百元，至十二月十日止为标卖期间[①]。

这绝对是一次低价拍卖，要知道禾丰造纸厂的最初投资为36万元，虽然经过3年生产会产生折旧，但此次核定“厂屋及机件”的最低标价为62325元，仅为最初投资额的零头。同时，拍卖截止时间甚短，从11月29日消息公布，到12月10日截止，仅12天，几乎没有给竞标人充分准备的时间。

不仅如此，为了让最少的人知道禾丰造纸厂拍卖公告，王叔贤还买通法院贴布告的人，把招标拍卖的布告贴在不引人注目的地方。因为知道的人越少，王叔贤就越容易中标。如果最终是其中标，买得禾丰厂的房产权，则禾丰厂的机器设备要么卖给王，要么搬出来，手法极为毒辣。

据禾丰造纸厂老职工周捻春的回忆，当时他在厂里任会计材料股长，恰巧在街上上厕所时看到拍卖公告，便大胆地从墙上撕下，拿着布告回厂，报告董事长盛亮周，盛立即派他去上海报告褚辅成。褚得知此事后，赶紧召开禾丰厂董事会商讨对策，指出法院擅自允诺单方拍卖后果的严重性。会后，褚辅成又马上向嘉兴县地方法院院长任家驹拍出电报，指出禾丰厂已破产清理了，不能单独由银行拍卖，要求立即停止拍卖。由于褚辅成依法据理力争，其又是一位有名望人士，因此嘉兴县法院停止了拍卖。这样就再一次挫败了王叔贤妄图得标，买到厂房，迫使禾丰造

① 《禾丰厂基实行标卖》，《申报》，1928年11月29日，（252）816。

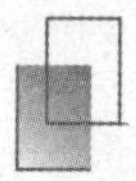

纸厂全部卖厂的阴谋，并为禾丰造纸厂转为民丰造纸厂奠定了基础[①]。而王叔贤因缺少资金，他的集中兼并最终也以失败告终[②]。

二、实业救国与民丰的建立

1928年年底，褚辅成与黄畏三按照董事会的决议，把禾丰造纸厂的机器设备产权予以拍卖出售，以偿付债务。不久，褚辅成在全浙公会（系同乡会组织，亦为褚的政治活动场所）与应季审（宁波人）述及出售禾丰产业一事，后由应介绍与上海商界人士竺梅先见面。褚辅成从帝国主义经济侵略，谈到民族工业所受迫害，激励竺梅先要以振兴实业为己任，扭转禾丰造纸厂垂危的处境。褚、竺两人都是中国同盟会成员，在维护民族工业、实业救国问题上有着共同见识。当时，竺梅先在孙中山思想的熏陶下，“实业救国”的思想已渐形成，而且拥有相当资金。褚辅成的一席话更坚定了他接办禾丰造纸厂的决心[③]。

不过，竺梅先一个人接办禾丰造纸厂也缺少资金，这时他想到与他合作多年的金润庠。金润庠曾与他合作为军阀张宗昌采办军用面粉，赚了一些钱，“积起了7万多块钱

---

① 杨鑫海：《褚辅成创办禾丰造纸厂》，《嘉兴市文史资料》第3辑《褚辅成专辑》，杭州：浙江人民出版社，1991年，第63、64页。

② 徐新吾主编：《中国近代造纸工业史》，上海：上海社会科学院出版社，1989年，第131页。

③ 竺培农、竺培元、竺培德：《竺梅先与民丰、华丰造纸厂》，《文史资料存稿选编》之《工商经济史料丛刊》，第3辑，北京：文史资料出版社，1984年，第166页。

家当”。在竺梅先的劝说下，金润庠也同意接办禾丰厂①。

之后，褚煇成、黄畏三陪同竺梅先、金润庠二人到嘉兴察看纸厂，经过双方洽谈，以28万元成交。随后，竺梅先、金润庠决定筹设民丰造纸股份有限公司。1929年1月16日，民丰造纸股份有限公司与禾丰造纸厂正式签订买卖契约。但是，由于王叔贤拒不移交，经过诉讼才获最终解决，以至民丰造纸股份有限公司直到1930年3月才在上海召开创立会②。

民丰造纸股份有限公司最初资本总额为50万元，竺梅先独任12.5万元，占1/4；金润庠投资6万元，占1/8弱；褚辅成、黄畏三代表禾丰造纸厂债权人认购民丰公司股本10万元；其余2/5强的股票，分散在100名左右的股东之手。由于股权集中于竺梅先、金润庠两人手中，他们就成为这个企业的双“巨头”③。

关于这段争夺禾丰造纸厂的历史，文史资料、《民丰志》均将褚辅成、竺梅先、金润庠描述成“实业救国”的典型：

1929年春，新厂主竺梅先和金润庠开始筹设组民丰造纸股份有限公司，资本总额为50万元，其中有禾丰厂主要

① 金润庠：《我不再起伏不定动荡不安》，《工商界》，1956年第2期，第29页；亦见陈真、姚洛编：《中国近代工业史料》（第1辑）《民族资本创办和经营的工业》，北京：生活·读书·新知三联书店，1957年，第555页。

② 《民丰志》编纂委员会编：《民丰志（1923—1996）》，北京：中华书局，1999年，第4、5页。

③ 金志朗、沙咏源：《民丰、华丰两造纸厂简史》，《中华文史资料文库》（经济工商编）第12卷《工业》，北京：中国文史出版社，1996年，第845页。

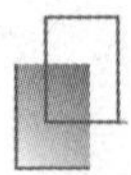

股东褚辅成等旧股向民丰投资10万元，这说明禾丰造纸厂的破产并未使褚辅成丧失办厂的信心，他愿为振兴中国造纸工业继续作出贡献。因此，褚还是重建的新厂——民丰造纸厂的董事会董事……抚今追昔，褚辅成这位爱国志士为创办禾丰造纸厂，振兴民族造纸工业，反对洋纸，不惜举债；为维护民族工业，不屈于淫威，不向买办资本家低首，坚持把纸厂转让民族资本家，令人钦佩[①]。

竺梅先是一个民族工商业者。身处半殖民地半封建时代的他，早岁参加革命，目睹国势衰弱，民不聊生，他向往着国家富强，憧憬着“生产救国”，乃从事经商，继之把所得的全部资金投入生产，创办民丰、华丰两造纸厂[②]。

爱国实业家竺梅先是二三十年代活跃在上海商界的一位宁波帮企业家。他早年追随孙中山，为同盟会会员，参加了轰轰烈烈的辛亥革命，后弃政从商，以“生产救国”为己任，积资接办上海大来商业储蓄银行、宁绍轮船公司，创办民丰、华丰两造纸厂，首创国产卷烟纸，为振兴中国民族工业出力。其中特别值得一提的是，竺梅先提倡国货，在抵制帝国主义倾销洋纸方面，作出了突出贡献[③]。

---

① 杨鑫海：《褚辅成创办禾丰造纸厂》，《嘉兴市文史资料》第3辑《褚辅成专辑》，杭州：浙江人民出版社，1991年，第65页。

② 竺培农、竺培元、竺培德：《竺梅先与民丰、华丰造纸厂》，《文史资料存稿选编》之《工商经济史料丛刊》，第3辑，北京：文史资料出版社，1984年，第163页。

③ 竺培德、陈筠慧：《为提倡国货纸张作出贡献的竺梅先》，潘君祥主编：《中国近代国货运动》，北京：中国文史出版社，1996年，第233页。

三、在商言商：民丰建立的背后

虽然现有文史资料将竺梅先、金润庠等人定义为爱国实业家，但正如冯筱才在研究中国近代商人群体时所说的，不能有“史料前预设”[①]，竺梅先、金润庠首先还是应该定义为“商人”，“在商言商”才是商人的本质特性。王叔贤搞“集中兼并”出现困难之时，竺梅先和金润庠看准了这一机遇，认为办实业可以“名利双收”。以下是金润庠自己的陈述：

那时，“实业救国”的口号非常响亮，我们想，办实业既能赚钱，又有名誉，可以名利双收。恰好嘉兴禾丰纸厂因同业竞争亏本倒闭，我们拉拢资本把它买下纸厂，开办民丰[②]。

竺梅先和金润庠对于怎样办好民丰造纸厂非常有信心，那就是“联营”：

纸版制造工业，本轻利重。产品交运时所占吨位较多，舶来品利润不大，又因为第一次世界大战后，国内工业有所发展，特别是卷烟胶鞋等轻工业发展较快，所需包装原料随之增加，在这样的有利形势下，它的销路是有保障的。

① 冯筱才：《在商言商：政治变局中的江浙商人》，上海：上海社会科学院出版社，2004 年，第 9 页。

② 金润庠：《我不再起伏不定动荡不安》，《工商界》，1956 年第 2 期，第 29 页；亦见陈真、姚洛编：《中国近代工业史料》（第 1 辑）《民族资本创办和经营的工业》，北京：生活·读书·新知三联书店，1957 年，第 555 页。

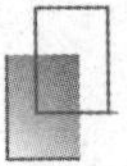

只要同业之间能够取得协调，不要自相倾轧，必然大有可为①。

办好纸版业，需要国内同业间“不要自相倾轧”，怎样做到这一点，这就是建立“国产纸版联合营业所”，垄断中国的纸版业。所以，从这一点来说，竺梅先、金润庠与王叔贤的经营理念别无二致。

至于相关文史资料中对王叔贤的评价为何与《申报》中的评价完全不一样，这个容易理解，因为这些历史人物已被定义为爱国实业家，同时这些文史资料的作者又大多与禾（民）丰造纸厂有着密切关系。

本章小结

分析竟成四厂时期的“废水风潮”，我们可以得出以下结论：

一、“废水”问题在当时并不被视为破坏了“自然环境”，只是因为造成了饮用水污染，而被视为一个“卫生”问题、“民生”问题。

二、东栅民众在经历禾丰造纸厂时期的“废水风潮”后，在应对竟成四厂时期的“废水”问题上表现得更加成熟，集会、请愿、成立事务所、发布泣告等，轻车熟路，

① 金志朗、沙咏源：《民丰、华丰两造纸厂简史》，《中华文史资料文库》（经济工商编）第12卷《工业》，北京：中国文史出版社，1996年，第845页。

同时也更加理性。民众即使发现竟成四厂所用原料是稻草，并非是其宣称的废纸后，也没有与厂方发生暴力冲突。

三、官方在“废水风潮”中的态度，应该说还是支持东栅民众的，但是面对难以解决的废水问题，嘉兴县政府力不从心，除了安抚民众之外，一直希望省政府能给出强有力的解决方案。

四、媒体越来越关注“实业救国”。这一时期，《申报》虽然也对“废水风潮”进行了持续报道，但报纸亦将竟成四厂视作国货的前途，二者看似矛盾，实则有历史原因。1928 年 5 月 3 日的“济南惨案”，被中国人视为“奇耻大辱”，而后中国有“大规模国货运动之组织”[①]。就造纸业而言，当时日本向中国输出的纸张在进口中所占比重最大，远远超过其他国家[②]，“扑灭洋纸”遂成为“爱国”的表现：

扑灭洋纸，爱国青年都欢喜，大家同心抵制，指天发誓，要做到个澈底，无论何时何地，定购国货纸，把漏卮塞住，便是立足于不败之地，试问国货纸厂在那里，可说天章造纸厂便是，他的出口，个个都欢喜，所以门庭若市，从今后加币再买洋纸，便是不知爱国的道理[③]。

---

① 周振宏：《江南制纸公司之营业报告》，《申报》，1928 年 7 月 19 日，(248) 571。

② 徐新吾主编：《中国近代造纸工业史》，上海：上海社会科学院出版社，1989 年，第 124 页。

③ 吴夫之：《扑灭洋纸》，《申报》，1928 年 6 月 29 日，(247) 802。

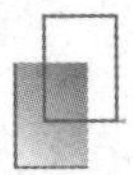

第四章　抗战前民丰造纸厂的“废水风潮”（1930—1937）

第一节　民丰崛起“三部曲”

一、建立“国产纸版联合营业所”，形成“卡特尔”垄断

第三章讲到，国内纸版业生产过剩、同业竞争，导致禾丰造纸厂破产停业。竺梅先和金润庠在收购禾丰造纸厂、建立民丰造纸厂时，就认识到消除国内同业间竞争的重要性，他们提出“国内工业有所发展，特别是卷烟、胶鞋等轻工业发展较快，需要包装原料，只要同业之间能够取得协调，不要自相倾轧，必然大有可为”①。

1929年，民丰造纸厂建立后，竺梅先和金润庠就首先主动跟上海竟成造纸厂王叔贤沟通，希望两厂联营。然

① 金志朗、沙咏源：《民丰、华丰两造纸厂简史》，《中华文史资料文库》（经济工商编）第12卷《工业》，北京：中国文史出版社，1996年，第845页。

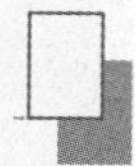

而，经过两个多月的谈判，王叔贤终未就范[1]。王叔贤不肯联营，容易理解。因为在国内纸版跌价竞争之时，上海竟成造纸厂曾先后租借停业的振华、华盛及禾丰造纸厂，以一厂而扩充为四厂，王叔贤也被誉为“中国纸版大王”[2]，但现在竺梅先和金润庠是硬从他手中“夺走”了禾丰造纸厂。

虽然1929年联营尝试失败，但竺梅先和金润庠并没有放弃，并在1931年迎来一个机遇。当时，杭州武林造纸厂破产拍卖。竺梅先与金润庠商量后，决心接办武林，为建立纸版联合营业所增强实力。除民丰外，参加此次竞争投标的还有苏州大华造纸厂的叶荫三。竺梅先于是请浙江省保安处长竺鸣涛出面，与叶荫三达成协议，两标合一，由竺梅先以29.05万元得标，合作筹组华丰造纸股份有限公司，资本50万元。由于上海杜月笙、金廷荪都表示要参加，竺梅先、叶荫三碍于情面，也为了依靠杜、金的势力，便于今后在上海打开市场，最后是由叶荫三、杜月笙、金廷荪各投资10万元，竺梅先8万元，金润庠3万元，其余资本邀请褚辅成、王文翰、孙梅堂、张继光等人参加。1931年6月，华丰造纸厂正式成立，推杜月笙为董事长，竺梅先为经理，叶荫三、金润庠为协理[3]。

① 金志朗、沙咏源：《民丰、华丰两造纸厂简史》，《中华文史资料文库》（经济工商编）第12卷《工业》，北京：中国文史出版社，1996年，第845页。

② 张天荣：《谈纸版工业》，《国货评论刊》，1929年第2卷第9期，第4页。

③ 竺培农、竺培元、竺培德：《竺梅先与民丰、华丰造纸厂》，《文史资料存稿选编》之《工商经济史料丛刊》，第3辑，北京：文史资料出版社，1984年，第167页。

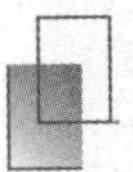

华丰造纸厂成立后，竺梅先、金润庠拥有两家造纸厂，实力较雄厚，又开始了联营活动。经过一个时期的协商，除竟成造纸厂的王叔贤仍无法说服外，其他如苏州的大华、华盛厂，天津的振华厂，都表示愿意合作，共同组织纸版产销垄断机构。1932 年，“中国纸版同业联合委员会”成立，理事会由参加的 5 厂各派一人组成，叶荫三任理事长，竺梅先、金润庠为理事；理事会下设“国产纸版联合营业所”，金润庠任所长。理事会讨论通过各厂生产任务的具体分工，规定各厂产品一律交由联营所出售，定价划一，厂家和联营所售价之间的差额，拨充该所经费。

1932 年 10 月 10 日，5 厂签订了为期 5 年的《国产纸版联营所章程协定》，对各厂产品、销售区域、产品价格分别进行了规定，主要内容包括：

在原料与产品方面，各厂所需原料除稻草外，统归联营所代购；对各厂生产品种进行分工，其中民丰改造白版纸、青灰纸版、提花纸版、特光纸版等，华丰改造灰纸版，借以调剂①。

在销售区域方面，规定天津振华产品不南运，南方各厂产品不北上，内销过剩部分，由联营所负担运、杂开支，奖励外销南洋群岛一带，再有滞销出现，则采取各厂轮流停工办法，以资节制；停工期间的正常开支，由联营所贴补。

在销售价格方面，大幅提高各种纸版的价格，以黄版

① 《上海工商界之概况》（纸厂与纸业专号），1940 年，第 18 页。

纸为例，联营前的售价是每吨53两（一度跌到37两），联营后是90两，提价73%[①]。

这些协议得到了较好的执行。例如，在纸版陷于滞销、价格不稳的时候，民丰、华丰执行轮流停工停产。同时，为应对竟成造纸厂的低价倾销，竺梅先在市场上大量收购竟成产品，以压缩纸版上市量。所以，至抗战前，国内纸版销路和价格基本是稳定的。1936年1月15日，5厂又续订了5年《国产纸版联销协定》；抗战爆发后，各厂纷纷停产，联营所自然结束[②]，抗战胜利后也未恢复[③]。

对于“国产纸版联合营业所”的成立背景，现有文史资料及《民丰志》均称是为了“抵制日货倾销”[④]，甚至认为“国产纸版联合营业所”就是为了“联营抗日”[⑤]，这显然不符合当时国内纸版业的产销状况。国产纸版业自1926

---

① 金志朗、沙咏源：《民丰、华丰两造纸厂简史》，《中华文史资料文库》（经济工商编）第12卷《工业》，北京：中国文史出版社，1996年，第845页。

② 《民丰志》编纂委员会编：《民丰志（1923—1996）》，北京：中华书局，1999年，第5页。

③ 金志朗、沙咏源：《民丰、华丰两造纸厂简史》，《中华文史资料文库》（经济工商编）第12卷《工业》，北京：中国文史出版社，1996年，第845页。

④ 竺培农、竺培元、竺培德：《竺梅先与民丰、华丰造纸厂》，《文史资料存稿选编》之《工商经济史料丛刊》，第3辑，北京：文史资料出版社，1984年，第167页；杨鑫海：《褚辅成创办禾丰造纸厂》，《嘉兴市文史资料》第3辑《褚辅成专辑》，杭州：浙江人民出版社，1991年，第63页；《民丰志》编纂委员会编：《民丰志（1923—1996）》，北京：中华书局，1999年，第5页。

⑤ 金志朗：《金润庠生平事略》，民建杭州市委会、杭州市工商业联合会编：《杭州工商史料》第3辑，1987年内部发行；亦见金志朗：《金润庠与民丰、华丰造纸厂的重振》，浙江省政协文史资料委员会编：《浙江文史集粹》经济卷（上册），杭州：浙江人民出版社，1996年，第480—487页；《民丰志》编纂委员会编：《民丰志（1923—1996）》，北京：中华书局，1999年，第5页。

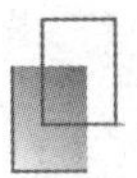

年以来已经严重生产过剩，同业竞争激烈，造成多家纸厂停业。竺梅先、金润庠一直想通过成立一个“托拉斯性质的联营所”，统一产销，即“控制生产和价格”[①]，从而获得超额利润。为了达到这一目的，他们在联营过程中使用了一些手段：

一是利用关系收购杭州武林造纸厂。上文所述，杜月笙、金廷荪“主动要求”参加收购武林造纸厂。其实，这是因为竺梅先和金润庠缺少资金而有意为之，以下是当事人金润庠的回忆：

不料因为我们力量薄弱，拉不拢，失望下来，觉得只有一个办法，就是必须扩大资本和势力，用这样两种力量来强迫同业参加我们的托辣（拉）斯。于是我们拉拢了杜月笙、金廷荪、叶荫三共同投资把杭州武陵（林）纸厂买下。我和竺先生已无钱投资了，我们就利用经、副理职权，欺骗了其它股东，认下了虚股，只转了一笔账，收进股本，付我暂欠，这样牛牵马崩地把华丰开起来了[②]。

二是通过跌价来占领市场。在拥有民丰、华丰两厂，联合叶荫三的大华厂后，三厂资本已相当雄厚。再加上杜月笙、金廷荪等人的撑腰，金润庠等一方面向另外 3 家国

---

① 竺培农、竺培元、竺培德：《竺梅先与民丰、华丰造纸厂》，《文史资料存稿选编》之《工商经济史料丛刊》，第 3 辑，北京：文史资料出版社，1984 年，第 167 页。

② 金润庠：《我不再起伏不定动荡不安》，《工商界》，1956 年第 2 期，第 29 页；亦见陈真、姚洛编：《中国近代工业史资料》第 1 辑《民族资本创办和经营的工业》，北京：生活·读书·新知三联书店，1957 年，第 555、556 页。

产纸版厂的厂主大力宣传“联营抗日，实业救国”的主张；另一方面采取联合跌价的办法对在上海市场销售黄版纸的其他厂家施加压力，继之把黄版纸整船整船装运到沿江各口岸，夺取市场①。

最后，由杜月笙、金廷荪出面，邀请其他厂经理谈判，迫使各厂接受联营。金润庠称：“我记得杜月笙、金廷荪两人当场把他们痛骂一顿，恐吓一番，终于他们在双重压力下就范了。”②

由于成立“国产纸版联合营业所”是为了获得超额垄断利润，在1932年10月10日签订《国产纸版联营所章程协定》后，通过统一产销来控制价格，黄版纸的售价大幅提高到90两每吨，而黄版纸的成本每吨不到40两，5厂很快“从亏本做到大大赚钱”③，“皆大欢喜”④。

因此，“国产纸版联合营业所”是一种“卡特尔”垄

---

① 竺培农、竺培元、竺培德：《竺梅先与民丰、华丰造纸厂》，《文史资料存稿选编》之《工商经济史料丛刊》，第3辑，北京：文史资料出版社，1984年，第167、168页；金志朗：《金润庠生平事略》，民建杭州市委会、杭州市工商业联合会编：《杭州工商史料》第3辑，内部发行，1987年；亦见金志朗：《金润庠与民丰、华丰造纸厂的重振》，浙江省政协文史资料委员会编：《浙江文史集粹》经济卷（上册），杭州：浙江人民出版社，1996年，第480—487页。

② 金润庠：《我不再起伏不定动荡不安》，《工商界》，1956年第2期，第29页；亦见陈真、姚洛编：《中国近代工业史资料》第1辑《民族资本创办和经营的工业》，北京：生活·读书·新知三联书店，1957年，第556页。

③ 金润庠：《我不再起伏不定动荡不安》，《工商界》，1956年第2期，第29页；亦见陈真、姚洛编：《中国近代工业史资料》第1辑《民族资本创办和经营的工业》，北京：生活·读书·新知三联书店，1957年，第556页。

④ 竺培农、竺培元、竺培德：《竺梅先与民丰、华丰造纸厂》，《文史资料存稿选编》之《工商经济史料丛刊》，第3辑，北京：文史资料出版社，1984年，第168页。

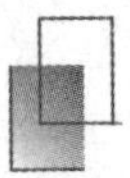

断，这是垄断的初级形式，并不是金润庠、竺培农等人所言的“托拉斯”垄断[①]。

“卡特尔”垄断产生于19世后期的德国，民国时期在国内还是新事物，最初译为嘉提尔（Kartel），此即若干企业互相协定，以支配或独占市场为手段，以获得利润为目的，各参加企业只于协定的限度以内，失其独立性；换言之，即各参加企业，仍于交通经济上保持其自由活动的原则，而只受某种限制而已；此所谓某种限制者，例如贩卖条件、价格、贩路及生产额等，“是一独占的利益协定”[②]。

“在商言商”是中国的古训，虽说国产纸版业联营并非为了抵制日货，但是通过垄断市场、控制价格、协调生产，客观上还是保证了国产纸版业产销平衡和利润稳定，“成绩斐然可观”，从而为民丰造纸厂进军技术要求较高、完全由外资垄断的薄白版纸、卷烟纸等市场奠定了资本基础，“吾国制纸，始露一线之光明”[③]。从这个意义来讲，面对积贫积弱的国情，想“实业救国”，国产纸版联营的活动更像是一种无奈的选择。

① 金润庠：《我不再起伏不定动荡不安》，《工商界》，1956年第2期，第29页；亦见陈真、姚洛编：《中国近代工业史资料》第1辑《民族资本创办和经营的工业》，北京：生活·读书·新知三联书店，1957年，第556页；竺培农、竺培元、竺培德：《竺梅先与民丰、华丰造纸厂》，《文史资料存稿选编》之《工商经济史料丛刊》，第3辑，北京：文史资料出版社，1984年，第167页。

② 《新词拾零》，《新中华杂志》，1934年，第2卷第1期，第250页。

③ 工商部上海工商辅导处调查资料编辑委员会编印：《造纸工业》，1948年，第1页。

二、生产薄白版纸，盈利颇丰

按照国产纸版联营所的规定，在黄版纸滞销时，各厂轮流减产或停产，但这显然不是一个好办法。后来，联营所对各厂生产纸品的种类进行了分配，其中民丰造纸厂改造白、青灰、提花、特光纸版等，华丰造纸厂改造灰纸版，借以调剂[①]。

民丰造纸厂生产薄白版纸与竺梅先有极大的关系。当时，薄白版纸在市场上比较畅销，竺梅先认为，如果能制造薄白版纸，对民丰造纸厂和华丰造纸厂的发展将会有很大好处。一开始，竺梅先提出要把试制薄白版纸的工作交给华丰造纸厂，但是由于华丰厂大股东不愿意冒试制失败的风险，坚决反对，金润庠也未表态，结果竺梅先不得不把试制任务交给自己拥有更多投资的民丰造纸厂[②]。制造薄白版纸的工艺要比黄版纸的复杂许多，增加了漂白流程，化工原料的用量也大为增加，并且还需要调整机器设备。

薄白版纸正面平滑光泽，反面宽松，即一般所谓“单面光”。当时大家都缺乏经验，一切只好“闭门造车”。试制开始后，竺梅先经常亲自下厂，督率技术员工，共同钻研。由于纸面不够光滑，竺梅先不惜重本，开动脑筋，一度在纸面上涂上猪油；历经试验，成品始终保持两面光，

---

① 《上海工商界之概况》(纸厂与纸业专号)，1940年，第18页。

② 竺培农、竺培元、竺培德：《竺梅先与民丰、华丰造纸厂》，《文史资料存稿选编》之《工商经济史料丛刊》，第3辑，北京：文史资料出版社，1984年，第169页。

乃由该厂自制滚筒相辅而行，使纸的正面通过钢滚筒轧光，反面通过纸滚筒宽松，结果仍归失败。试制阶段，仓库里试制品堆积如山，材料间摆满了因试制而报废的机件，损失之巨，可以想象①。

1933 年，民丰造纸厂聘请褚凤章为总工程师、留德造纸专家陈晓岚为工程师、浙江大学化工系教授潘承圻为兼职技术顾问，由陈晓岚负责组织设计和制造薄白版纸的任务。为达到单面光洁的要求，民丰厂从德国引进了成套纸版表面光泽装置，包括 1 个直径 3 米的镜面扬格式大烘缸，全部设备于 1934 年安装完成。经过连续试验，最终在 1934 年年底成功制造出薄白版纸，日产量达 25 吨左右②。

在试制薄白版纸成功前后，民丰造纸厂陆续把几种灰纸版的生产任务转移至华丰造纸厂，自己主要生产薄白版纸③。由于民丰造纸厂的薄白版纸，“质料之纯洁光滑，与舶来品有过之而无不及，但价格实较低廉”，因此南洋兄弟烟草公司、外商英美烟草公司及中国纸版制品公司等，“咸

---

① 金志朗、沙咏源：《民丰、华丰两造纸厂简史》，《中华文史资料文库》（经济工商编）第 12 卷《工业》，北京：中国文史出版社，1996 年，第 843 页。

② 《民丰志》编纂委员会编：《民丰志（1923—1996）》，北京：中华书局，1999 年，第 5 页；亦有资料称薄白版纸日产量为 15 吨，参见竺培农、竺培元、竺培德：《竺梅先与民丰、华丰造纸厂》，《文史资料存稿选编》之《工商经济史料丛刊》，第 3 辑，北京：文史资料出版社，1984 年，第 169 页。

③ 金志朗、沙咏源：《民丰、华丰两造纸厂简史》，《中华文史资料文库》（经济工商编）第 12 卷《工业》，北京：中国文史出版社，1996 年，第 843 页。

来购用”[1]，其中南洋兄弟烟草公司首先采用[2]，上海的外商英美烟草公司也较早采用[3]。

在中国百业凋零的情况下，民丰造纸厂薄白版纸的制造成功足以让“国货生辉”。上海市商会也因此转函上海国货维持会，让华商卷烟公司一致采购民丰造纸厂出产的国货薄版纸，从而“堵塞了国家的巨大漏卮”[4]。

从此，民丰造纸厂“船牌”白底白面的轻量薄版纸风行全国，“供不应求，盈利颇丰”。1933 年，民丰造纸厂“有亏蚀”，但在 1934 年就“盈余约十五万元”，1935 年营业额与 1934 年相当，“亦在百万左右”[5]。丰厚的利润进一步增强了竺梅先、金润庠继续开发新产品的信心[6]。

除了上海市商会力推民丰“国货”产品外，民丰造纸厂也很早就利用了国民政府的“国货”政策来促进发展。1930 年 3 月，在恢复生产后不久，民丰造纸厂即向浙江省财政厅申请，要求援照之前竟成四厂旧例，按照机仿洋式

---

① 《民丰造纸厂之概况出品》，《嘉区汇览》，嘉兴民国日报社，1935 年，第 145 页。

② 竺培农、竺培元、竺培德：《竺梅先与民丰、华丰造纸厂》，《文史资料存稿选编》之《工商经济史料丛刊》，第 3 辑，北京：文史资料出版社，1984 年，第 169 页。

③ 竺培德、陈筠慧：《为提倡国货纸张作出贡献的竺梅先》，潘君祥主编：《中国近代国货运动》，北京：中国文史出版社，1996 年，第 235 页。

④ 竺培德、陈筠慧：《为提倡国货纸张作出贡献的竺梅先》，潘君祥主编：《中国近代国货运动》，北京：中国文史出版社，1996 年，第 235 页。

⑤ 《嘉区汇览》，嘉兴民国日报社，1935 年，第六章“嘉区工商业”第 1 页；《嘉区一瞥》，嘉区民国日报社，1936 年元旦特刊，“嘉区工商业”第 1、2 页。

⑥ 《民丰志》编纂委员会编：《民丰志（1923—1996）》，北京：中华书局，1999 年，第 5 页。

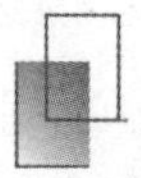

纸版及纸张例免捐。8 月 1 日，浙江省财政厅称为“爱护国货，维持实业”，通令各统捐局，“此后该厂出品或销本省或销外省自可按照部厅备案，分别办理”，即给予免捐①。1932 年，民丰造纸厂制造白版纸后，以“国货”之名呈请国民政府财政部，要求免税，获得批准②。1935 年，在成功制造薄白版纸后，民丰造纸厂呈请财政部、实业部“国内概免重征，运销外洋一律免税”。这个要求也得到舆论支持：“当此提倡国货时代，该厂有如是之精良出品，良可极予提倡也。”③

此时，嘉兴民丰造纸厂在国内媒体中地位渐高，被视为“诚我国货界之曙光也”④。

三、首创卷烟纸，攫取巨额利润

关于民丰造纸厂制造卷烟纸的原因，竺梅先之子竺培德在文史资料中给出了两种说法。说法一，竺梅先是受南洋兄弟烟草公司劳敬修的影响，为的是抵制英商英货：

薄白版纸最大用户是香烟厂。民丰薄白版纸投产后，南洋烟草公司首先采用。南洋烟草公司的劳敬修是一位知名的广东爱国民族工商业者，在交往中，竺梅先获悉南洋

---

① 《嘉兴民丰造纸公司出品准予免捐由》，《浙江省政府公报》，1930 年第 977 期，第 9 页。

② 《呈一件为机制洋式纸版新出各色货品检同样本呈请援例完税以维国货由》，《财政部财政日刊》，1932 年，第 1439 号，“电批”，第 4 页。

③ 《民丰造纸厂之概况出品》，《嘉区汇览》，嘉兴民国日报社，1935 年，第六章“嘉区工商业”，第 145 页。

④ 《首都国货周报》，1935 年第 8 期，第 8 页。

烟草公司如何在帝国主义压迫下惨淡经营；英商“老刀牌”如何在中国倾销；外商如何控制卷烟纸进口的市场；外商如何收购南洋的产品，故意使之受潮发霉，然后再在市场出售，以此破坏南洋的声誉。在爱国心与同情心的驱使下，竺梅先决心要生产卷烟纸①。

说法二，竺梅先是为抵制日货，以保护民族工业：

旧中国卷烟纸市场向来是为进口卷烟纸所垄断，利权外溢，怵目惊心。“九·一八”事变以后，日本走私卷烟纸又在沪上侵占销路，非常猖獗。为了抵制日本卷烟纸走私货倾销，打破外商的垄断，保护中国的民族工业，竺梅先决心试制新产品卷烟纸②。

以上两种说法的具体内容虽然不一样，但反映的问题本质还是一致的：即打破外商垄断，挽回国家利权。民丰造纸厂制造卷烟纸，打破外商垄断，当然体现了爱国之心。但“在商言商”，民丰造纸厂制造卷烟纸还是看重了进口卷烟纸背后巨大的“漏卮”：

我国卷烟出品，年来日新月异，堪与外货抗衡。惟卷烟表皮纸向无自制，悉仰给于舶来品，每年漏卮，为数极

① 竺培农、竺培元、竺培德：《竺梅先与民丰、华丰造纸厂》，《文史资料存稿选编》之《工商经济史料丛刊》，第3辑，北京：文史资料出版社，1984年，第169页。

② 竺培德、陈筠慧：《为提倡国货纸张作出贡献的竺梅先》，潘君祥主编：《中国近代国货运动》，北京：中国文史出版社，1996年，第235页。

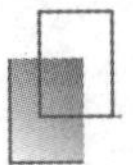

堪惊人。民丰造纸有鉴于此，特悉心研究制造①。

卷烟纸利润高，但卷烟纸在所有机器造纸中技术要求也最高：

纸之用途既广，种类复繁，则其制造之法，自亦不同，方法不同，因而难易有别，就中工作简单，而制造最易者，莫如制造版纸，其次则为新闻纸等等，最难者为照相照纸、钞票纸、卷烟纸等等②。

由于卷烟纸制造工艺复杂，国内无厂能制造，民国时期中国卷烟纸市场向来为进口卷烟纸所垄断，“漏卮数目，年在四百万元以上”③。如果制造成功，民丰造纸厂将获得巨额利润。

1934 年 11 月 17 日，经公司董事会第 11 次会议通过，民丰造纸厂决定开发卷烟纸，由陈晓岚负责设计工作。为制造卷烟纸，1935 年，民丰造纸厂增资 75 万元，向德国订购长网多烘缸成套造纸机 1 台，向英国订购 1580 千瓦汽轮机及 1500 千瓦发电机组 1 套和 14.5 吨/时链条锅炉 1 台④。

在购置机器设备、扩建厂房之时，民丰公司还采取了

---

① 《国产卷烟纸继续研制成功，定今日起赠送样品，全国烟制厂当乐用》，《申报》，1936 年 3 月 1 日，（338）14。

② 《王祉君发表对于中国造纸业意见》，《申报》，1926 年 4 月 19 日，（222）431。

③ 《国产卷烟纸继续研制成功，定今日起赠送样品，全国烟制厂当乐用》，《申报》，1936 年 3 月 1 日，（338）14。

④ 《民丰志》编纂委员会编：《民丰志（1923—1996）》，北京：中华书局，1999 年，第 6 页；亦说 18 吨/时，参：金志朗、沙咏源：《民丰、华丰两造纸厂简史》，《中华文史资料文库》（经济工商编）第 12 卷《工业》，北京：中国文史出版社，1996 年，第 844 页。

两项重要措施：一是派遣以工程师吴贤哲为首的代表团去日本参观卷烟纸厂，表面是“采购设备”，实际上是“吸取技术经验”。二是不惜花高薪聘请英国工程师恩槎来厂辅导技术工作，月薪 40 英镑，折合法币 500 元；同时，为让他安心工作，还特建小洋房一幢，供他们夫妇俩居住①。

与此同时，为培养生产卷烟纸的技术工人，在褚凤章提议下，通过登报招生，于 1936 年 3 月，民丰造纸厂举办了第一届技术训练班（也称工场练习生班）②。

然而，制造卷烟纸对民丰造纸厂来说，是纸张从低级到高级的更新换代，在全国造纸行业里也是第一次，尽管做好了充分的准备，但是在试制开始以后，还是不断发生问题。开始是纸张拉不出来，后来拉出来了，但质量不符合要求。经过反复改进，卷烟纸才最终试制成功③。

1936 年 6 月，国内第一台卷烟纸机建成，国产卷烟纸在民丰造纸厂首创成功。这是旧中国造纸工业从低级技术的版纸工业上升到高级技术的薄纸工业的“历史性突破”④，

---

① 竺培农、竺培元、竺培德：《竺梅先与民丰、华丰造纸厂》，《文史资料存稿选编》之《工商经济史料丛刊》，第 3 辑，北京：文史资料出版社，1984 年，第 170 页；金志朗、沙咏源：《民丰、华丰两造纸厂简史》，《中华文史资料文库》（经济工商编）第 12 卷《工业》，北京：中国文史出版社，1996 年，第 844 页。

② 《民丰志》编纂委员会编：《民丰志（1923—1996）》，北京：中华书局，1999 年，第 6 页。

③ 竺培农、竺培元、竺培德：《竺梅先与民丰、华丰造纸厂》，《文史资料存稿选编》之《工商经济史料丛刊》，第 3 辑，北京：文史资料出版社，1984 年，第 170 页。

④ 《民丰志》编纂委员会编：《民丰志（1923—1996）》，北京：中华书局，1999 年，第 6 页。

标志着“民族造纸工业的一次重大突破”①。

“船牌”卷烟纸上市伊始，产品推销曾经历一番波折。一方面是美、日等国卷烟纸挤占市场；另一方面是国内卷烟厂对民丰厂卷烟纸尚缺乏了解。当时，除南洋兄弟烟草公司率先使用外，其他烟厂不敢尝试。后来，民丰造纸厂大力宣传，并分别使用民丰造纸厂和进口卷烟纸制成两种纸烟，广泛请各厂试吸比较，才逐渐消除了大家的顾虑，华盛、福新等厂相继采用，到最后连英商颐中烟草公司也向民丰订货②。

第二节　风波突起：1934 年的“废水风潮”

一、“废水风潮”经过

民丰造纸厂接办禾丰造纸厂后，经过整顿和检修，于 1930 年 3 月恢复生产黄版纸③。废水问题也是民丰造纸厂不得不考虑的问题。据当时浙江省政府的调查，称民丰造纸厂非常注重公共卫生，将造纸废水贮存于厂外蓄水池，不

① 竺培农、竺培元、竺培德：《竺梅先与民丰、华丰造纸厂》，《文史资料存稿选编》之《工商经济史料丛刊》，第 3 辑，北京：文史资料出版社，1984 年，第 170 页。

② 竺培农、竺培元、竺培德：《竺梅先与民丰、华丰造纸厂》，《文史资料存稿选编》之《工商经济史料丛刊》，第 3 辑，北京：文史资料出版社，1984 年，第 170 页。

③ 《民丰志》编纂委员会编：《民丰志（1923—1996）》，北京：中华书局，1999 年，第 5 页。

排入河道，以免污染民众饮用水：

工作实务，在于管理机械，故筋肉劳动，尚不剧烈。工场设备，亦尚完善，即就工场卫生一端而论，内地工厂已为难能，经过机器之污水，已凿池厂外以蓄之，勿令入于河道，以妨民饮，故该厂于公共道德亦未忽视①。

民丰造纸厂似乎真的注重公共卫生，不将污水排放于河道。在民丰造纸厂恢复生产黄版纸后的4年中，笔者在报纸杂志上没有找到“废水风潮”的相关报道。一直到1934年6月5日，《申报》才首次出现了关于民丰造纸厂“废水风潮”的报道：

嘉兴甪里街之民丰纸厂，连日因泄放污水，致东栅镇居民不能取汲饮料，因之发生纠纷，三日上午，该镇商号因无解决办法，相继罢市，同时该镇又发见反动标语多种，旋经水陆警派员前往劝令商号开市，又将商民蒋仕（士）荣、汪寿官等三人，同至县府软禁，下午召集各方开会，并令蒋等具结担保，以后不再聚众滋扰。蒋以饮料污浊，有关生命，凡属镇民，理应向纸厂方面质问，然不敢有何不规行动，至发现之标语，不知出于何人，负责切结，断难书写。姜县长遂令警将蒋等三人，寄押于县公安局，四日该镇商号，因县府未将蒋等释出，纸厂方面对于泄放污

① 浙江省政府设计会编辑：《浙江之纸业》，浙江省政府设计会，1930年，第670页；亦见《民丰志》编纂委员会编：《民丰志（1923—1996）》，北京：中华书局，1999年，第535页。

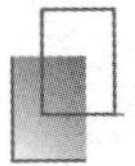

水亦无完善方法，故一律继续罢市[①]。

东栅民众此次为反对民丰造纸厂排放废水，“相继罢市”，这是一种比较激烈的斗争方式，这说明民丰造纸厂排放废水显然不止这一次，报道中的“连日”也说明了这一点。

嘉兴县政府处理此次“废水风潮”的态度与之前处理禾丰造纸厂、竟成四厂时期的大不相同，当天就拘留了蒋士荣、高根远、汪寿官 3 人。官方给出的原因是东栅镇出现了“反动标语多种”，要求蒋士荣等保证以后“不再聚众滋扰”。然而，蒋士荣等否认反动标语是他们所为，罢市只是因为“饮料污浊，有关生命”。“反动标语”到底是何内容，笔者暂未找到相关史料，不过根据东栅民众的诉求，他们的确没必要张贴反动标语。所谓“反动标语”，有可能是官方打压东栅民众的一种“策略”，抑或是东栅民众的罢市被其他政治力量所利用也未尝可知。

因蒋士荣、高根远、汪寿官 3 人被嘉兴县政府拘留，故虽有嘉兴县政府派人劝导开市，6 月 3 日、4 日，东栅镇商户仍拒不开市。6 月 5 日，蒋士荣等 3 人“具结保出”，但泄水问题仍未解决，故 6 日仅有一部分商户开市，直至 8 日才完全开市，整个“罢市”活动持续 6 天之久。虽然已经开市，东栅镇商户为揭露“废水风潮”的真相，“联名向各报刊登泣告各界启事”[②]。

---

① 《东栅镇商号罢市》，《申报》，1934 年 6 月 5 日，（317）144；按：据《申报》1934 年 6 月 9 日的报道及薛家煜的调研，“蒋仕荣”应为“蒋士荣”。

② 《东栅镇商号已开市》，《申报》，1934 年 6 月 9 日，（317）264；按：笔者暂未找到这一启事。

面对东栅民众罢市、登报等抗议活动，厂方被迫主动与东栅民众沟通，通过开凿自流井，希望平息此次“废水风潮”：

> 1930年，由民丰纸厂接办后，至1934年大旱时，又因废水与乡村民众发生纠纷，结果由民丰出资在东栅镇开自流井三口，用手摇抽水机供应民众饮用，始告解决[①]。

自1934年起，东栅民众破天荒地用上了“免费”自流井水[②]。自此之后，至抗战胜利，不再见“废水风潮”的相关报道。

二、大旱与1934年的“废水风潮”

1934年6月，嘉兴东栅的“废水风潮”与当时严重的干旱有较大的关系。这一点，民丰造纸厂陈晓岚在回顾民国时期的“废水风潮”时曾指出，“1934年大旱时，又因废水与乡村民众发生纠纷”[③]。

江南地区水网密布，河流纵横，一般人可能不会想到这里会发生“水源型缺水”。其实，由于江南属于湿润的亚热带季风气候区，受降雨量时空分布的影响，地表水资源

① 《关于民丰造纸厂废水放入河内影响民众饮水及农田生产拟提出解决方案的报告》（1952年4月21日），嘉兴市档案馆，档号：073-001-043-059。

② 薛家煜认为，东栅自流井是“嘉兴城乡首创”（薛家煜：《寻找东栅》，上海：上海辞书出版社，2009年，第49页），非也，1928年，嘉兴城区工务所奎星阁第一公井系自流井，参见民国《嘉兴新志》，台北：成文出版社，1970年影印本，第8页。

③ 《关于民丰造纸厂废水放入河内影响民众饮水及农田生产拟提出解决方案的报告》（1952年4月21日），嘉兴市档案馆，档号：073-001-043-059。

量年际分布不均，水资源年内分配则呈汛期径流集中、四季分配不均，以及最大、最小月径流量相差悬殊等特点，既容易形成“梅雨”，也容易出现“伏旱”。在主要依靠地表水源作为饮用水源的传统农业社会，一旦出现连续干旱，河流密布的江南也会出现暂时的水源型饮水危机。

嘉兴市和太湖流域其他地区一样，径流年内分配集中，年际变化悬殊，降水在年内主要集中在5—10月，一般约占一年总量的63%，多年平均最大月与最小月降水的比值为3.98，降水在年际的最大变化幅度达2.26倍。降水量大时，往往发生洪灾；降水量小时，容易发生旱灾。据统计，新中国成立至1994年，嘉兴市已发生较严重的旱灾达7次①。

1934年，江南出现的“伏旱”是近代以来江南地区特别严重的一次干旱②，嘉兴地区受灾严重：“百日无雨，空前灾旱，赤地千里，草木同枯……河滨因而断流，池荡亦相继干涸。”③

“南湖水涸，仅及没胫”④，严重干旱给嘉兴的农业生产、生活用水带来极大的影响。1934年7月初，嘉兴护城河因“天久不雨，河水干涸”，其他河流“深者已成沟渠，

---

① 嘉兴市计划委员会，嘉兴市国土办公室编：《嘉兴市国土资源》，杭州：杭州大学出版社，1994年，第53页。

② 关于这次干旱的严重程度可参见拙著：《水乡之渴：江南水质环境变迁与饮水改良（1840—1980）》，上海：上海交通大学出版社，2014年，第75—77页。

③ 吴琨：《嘉区旱灾之略况及其救济之方案》，《嘉区一瞥》，嘉兴民国日报社，1935年，第13页。

④ 《关于民丰纸厂泄水纠纷调处办理经过等情况》（1947年10月10日），嘉兴市档案馆，档号：L304-005-204-006。

浅者已龟裂”①，众多民众因而“缺乏饮料，汲水不便”②。幸尔嘉兴城外有南湖，通过“抽灌南湖水入城救济饮料”（图10），才解决了嘉兴城内民众的饮水危机。

图10　1934年抽灌南湖水入嘉兴城救济饮料

资料来源：《嘉区一瞥》，嘉兴民国日报社，1935年，插图。

6月份还不是1934年干旱的最严重时期，但考虑到7月初嘉兴护城河因“天久不雨，河水干涸”，东栅角里河与嘉兴护城河相通，因此6月初角里河的水位肯定较常年要低很多。在此情形下，受潮汐的影响，民丰造纸厂排放的废水也是来回回荡，污染河水的问题就更加突出了。这在一定程度可以解释，为何民丰造纸厂恢复生产黄版纸后4年不见“废水风潮”的报道，但至1934年6月又出现了。

① 《筹款开浚城河》，《申报》，1934年7月6日，（318）176。

② 《久旱喜得甘雨》，《申报》，1934年11月4日，（346）91。

第三节 “废水风潮”息止的背后

一、解决民众饮用水问题

抗战前，东栅镇有民众约1000户①。1934年“废水风潮”中，面对东栅民众罢市、登报等抗议活动，厂长孙定阳听取东栅乡绅代表万选青、王止柔、朱春卢、孙莘生、徐振之等意见，在东栅镇东市张家弄、西市杨庙弄、下塘石竹里各开一口深井，雇员揿水，免费供民众饮用②。

为开凿自流井，解决东栅民众的饮用水问题，民丰造纸厂投入了不少人力和物力。东栅人王士锦在《回忆父亲》一文中说道，20世纪30年代初，民丰出资“建造三口深井，储水于塔，沿街装置自流水管和供水龙头，定时供水”③。

所谓水塔，其实就是水箱，档案文献中也有称“坦克”，东栅有4个，另有打水工人3名，各处敷设水龙头17个，私人放水龙头10个④。下塘街因为民众仅二三十户，

---

① 《关于民丰纸厂泄水纠纷调处办理经过等情况》（1947年10月10日），嘉兴市档案馆，档号：L304-005-204-006。

② 薛家煜：《一河清水起风波》，收入薛家煜：《寻找东栅》，上海：上海辞书出版社，2009年，第49页。

③ 王士锦：《回忆父亲》，未刊稿，转引自薛家煜：《寻找东栅》，上海：上海辞书出版社，2009年，第50页。

④ 《关于民丰纸厂泄水纠纷调处办理经过等情况》（1947年10月10日），嘉兴市档案馆，档号：L304-005-204-006。

深井没有装设水塔，民丰造纸厂也不安排专人打水①。对此，薛家煜有切身体会：“下塘街民众较少，石竹里的深井不设水塔，用水一直由民众自揿。我读小学时，同学相约曾去水井玩耍，它就在鞋匠徐长庆草棚边。我伸手将铁柄把杆一揿，饭碗口粗的出水嘴‘哗——’的一下，水就涌了出来。同伴们都觉得十分有趣。民丰纸厂对自行揿水户每月发放两三元钱的揿水费，以示关照。”②

免费开凿自流井，东栅镇镇区有人专门打水，下塘街民众虽要自揿，但民丰造纸厂给予补贴，这些举措让东栅民众相当满意。现今东栅下塘旧街上的老人一遇到自来水涨价，总要扯上一句：“老早白吃水，还有得领揿水费。”③

二、实业救国的典型：媒体眼中的民丰

1927 年南京国民政府建立后，“施行建设，振兴实业，提倡国货，而造纸一事亦视为建设中之重要工业”④。在此形势下，新闻媒体对国内造纸业的进展极为关注。民丰造纸厂制造卷烟纸的消息，是当时新闻媒体关注的焦点之一。1936 年 3 月 1 日，《申报》就报道了成功试制卷烟纸的消

① 《关于民丰纸厂泄水纠纷调处办理经过等情况》（1947 年 10 月 10 日），嘉兴市档案馆，档号：L304-005-204-006。

② 薛家煜：《一河清水起风波》，收入薛家煜：《寻找东栅》，上海：上海辞书出版社，2009 年，第 50 页。

③ 薛家煜：《一河清水起风波》，收入薛家煜：《寻找东栅》，上海：上海辞书出版社，2009 年，第 50 页。

④ 陈献荣：《改良中国造纸业之刍议》，《科学的中国》，1933 年第 2 卷第 7 期，第 6 页。

息：民丰造纸厂“悉心研究制造，已告成功，不久即可出货问世”[①]。

同时，民丰造纸厂也积极与媒体进行互动。1936 年，借在嘉兴举行第六届股东会议之名，民丰造纸厂登报邀请社会各界赴厂参观：

本埠民丰造纸厂，近以新添卷烟纸机器等，业已布置完竣，特定于本月十四日，招待各界参观，其函云：

迳启者，敝公司新添卷烟纸机器，刻已全部装置完竣，试制出品，亦已渐合标准，第以此项企业，国内系属首创，迭承各界贤达，殷拳垂注，纫感无似。兹以六月十四日为敝公司股东常会之期，拟在嘉兴本厂举行，藉便敬邀台旌，惠临参观，指导一切，是日沪禾往返，将与路局商妥，就沪闸特别快车（上午八时三十分沪开，下午七时五十分禾开），定包车辆。届时并派专员在上海北站，竭诚招待，值此春寒乍解，时序清和，倘荷相偕眷，翩然莅止，实为厚幸，附上覆简，希将偕行，人数预于六月十日以前填明示知，以便支配车位，并补奉乘车证，是所企盼云[②]。

“定包”上海与嘉兴间的“特别快车”，足见民丰造纸厂对这次邀请会的重视程度，其目的当然是宣传在国内“首创”的卷烟纸，从而为卷烟纸的销售做铺垫。6 月 14 日，民丰造纸厂第六届股东会议如期在嘉兴举行，上海实

---

① 《国产卷烟纸继续研制成功，定今日起赠送样品，全国烟制厂当乐用》，《申报》，1936 年 3 月 1 日，（338）14。

② 《民丰纸厂添置新机，招待各界赴嘉兴参观》，《申报》，1936 年 6 月 9 日，（341）232。

业、工商、舆论各界500余人赴嘉兴参观该厂工程,《申报》对这次活动进行了详细报道:

华商民丰造纸公司,昨日在嘉兴举行第六届股东会议,并招待本市各界赴嘉兴参观该厂工程,顺道游览南湖,晚间始返。兹将各情分志如下:

参加人员:昨日被邀参加之各界人士颇多,均系实业界、工商界、舆论界名流,及政府机关代表,计到有市财政局长徐桴,社会局科长吴桓如,上海法学院院长褚慧僧(褚辅成),市商会金润庠、严谔声,实部上海鱼市场常务理事黄延芳,南洋公司劳敬修,甬同乡会孙梅堂,中汇银行徐懋棠,市总工会周学湘、邵虚白、李梦南,《新闻报》严独鹤及各通讯社记者,该公司全体董事俞佐廷、金廷荪、谢蘅牕、张继光,总经理竺梅先,暨全体职员等,共五百余人,由竺总理及各职员殷勤招待。

抵禾情形:参加者于昨晨八时三十五分前到达北站,即搭乘该公司包就之专车,至八时三十五分,启轮开驶,因路上停留甚少,于十时四十分即行到达,随即赴该公司会议厅及草地休息。当车抵站次时,该公司人员先已在站照料,并由民丰小学全体学生,在场欢迎,沿途高贴欢迎旗帜纸张,招待颇为周到。

欢迎秩序:该公司预定之欢迎来宾股东秩序如下:一、来宾股东齐集花园;二、升国、厂旗,鸣炮致敬;三、小学生唱欢迎歌;四、摄影;五、开欢迎会;六、参观;七、来宾游览南湖;八、股东会。

致欢迎词:董事长徐桴致欢迎词,略云:今日系民丰

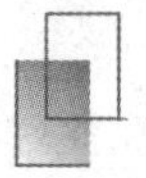

造纸厂六届股东会之日，辱承各界踊跃光临，不胜乐幸。本人年来因政务缠身，对于厂务，多由总经理竺梅先先生负责，自觉甚愧。本厂开设迄今，已有七年，管理经营，均可言甚佳，在此七年中，整个社会陷入不景气状态下，各工厂或实业机关，纷纷倒闭失败，惟本厂能照常继续前进，此实为经、协理努力之功，犹忆蒋院长于本年元旦播音演讲称，生产建设实为救国之要图，吾人能藉创立工厂而增加生产，解决许多人之生活，杜塞漏卮，增加税收，其对于国家、社会之利益，实非浅鲜。设国内各工厂，均如本厂之发展，则必能强盛，今日莅临者，均为实业、工商、舆论各界知名人士，尚希望舆论界之提倡指导，金融工商界之尽量提携与帮助，使本厂能每日进步，云云。

创立经过：徐氏致词毕，总经理竺梅先继起报告该厂成立经过，略讲：本厂于民国十九年创立，在民十九年间，国内之造纸厂计有六家，有一家名曰和（禾）丰，此六厂，至今均失败，其原因不能与某国之有组织之厂相争，每厂年有三千余吨之产量，而中国需要仅二千吨，不得不跌价互争，即以马粪纸而论，原售价每吨须银八十两，竟跌距二十两，本厂即向和（禾）丰厂购下，常时感到甚大之痛后，于是设法改进并联合其它同业各厂，办理联合营业所，减少无谓竞争，但尚有一家纸场（厂），至今未加入，此则仍为缺点，如是之后，价格虽渐恢复，而产量依旧甚多，且过剩者均为马粪纸，而其它需要之纸，则仍无生产，尽为舶来品，如香烟筒内之硬皮纸，年销一、二万吨，织绸厂印花所用之提花纸板及其它纸张，均为外货，因之本厂

不愿与各同业共同造马粪纸，且为姊妹厂杭州华丰厂同时停造，如是使有四厂造马粪纸，供求将可相等，本厂方面，则专制提花纸，及香烟所用之纸，尤以国产之南洋烟厂购用极多。去年本厂，复拨资本七十五万，则制卷烟纸（即卷烟外之用纸），至今虽未臻完全成功之境，而已可迁用，现在南洋及四五家华商烟厂，已经定购，此后尚望各方指助。云云。

代表致词：嗣由股东代表褚慧僧致词云：兄弟代表，现在之民丰及以前之和（禾）丰厂股东致词，当民十四和（禾）丰创设时，是时因国内造纸厂仅有一家，因之供求相应，而可盈利，后继起者颇多，更以日货倾销，又逢齐卢战争，和（禾）丰遂完全失败，而致破产，在此时中，幸而得有竺梅先先生和其它新股东继续经营，今和（禾）丰虽已成过去，而厂基则依旧存在。一种事业之能发达，虽为自己之努力，亦须赖各界之拥护援助，但国货之能发达，尚须赖关税为保障，故外货马粪纸，亦能绝迹。现在因走私之关系，私货纸张，可无税入口，此实为本厂及同业各厂之危机，望各位来宾，与本厂尽力抵制私货，不特本厂之幸，亦整个国货工厂之幸，褚词毕。即由来宾新闻报记者严独鹤氏演说，略谓过去国货失败，有二原因，一、亏蚀后无继起者之继续奋斗，国货厂商彼此互相倾轧嫉妒，而民丰厂则能于继失败者之后，而积极经营，且创议与各厂合组联营，是其能巩固商战阵线成功之来，当非幸致。今者复发明国货卷烟纸，使吾人能吸到纯粹国货之香烟，其精神实堪钦佩，云云。嗣又由社会局科长吴桓如、浙江

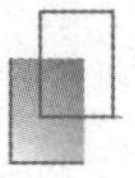

建设厅长代表凌瑞拱二氏，相继致祝望之词（词长从略）。毕后，即在大厅举行午餐。食毕，各来宾由该厂职员陪往参观全场工程，并至南湖游览，股东会则于晚间开始举行云。

工程概述：民丰造纸公司，在嘉兴东车站附近，前和（禾）丰纸厂故址，至民十九年创立，资本计一百二十五万，董事长徐桴，总理竺梅先，协理金润庠。该厂占地共约百余亩，为国内大规模之造纸厂，其重要工程，计如下列所述：一、轧网工场，该厂所制卷烟纸之原料，系废麻、破渔网等，故设有轧网工场，即将渔网轧成细小，然后可以提取纤维质。二、去灰工场，将麻布等之原料，及去灰土，俾使清洁。三、选料工场，将原料选出切小，预备制浆，在该场服务之女工，均戴防毒口罩，恐有污秽入口，记者等往参观时，见各女工颇似在实行军事练习。四、打浆场，将原料整理毕后，送至浆场，该场设有各种打浆机，纳入机中，辗成液体之浆，初成之浆，并不清洁，经数辆机器之提炼，遂成洁白之浆末（沫）矣。五、制纸间，将洁净之浆末（沫），加以辗制，未几即造成洁白之纸张，白机轮中滚出，至此造纸工作，完全成功，只须用机测验其拉力若干，即可知纸张之质料。该厂除工程外，尚有工人子弟学校（即民丰小学）、工余补习学校等，堪称吾国模范工厂之雏型也①。

---

① 《民丰纸厂招待各界赴禾参观》，《申报》，1936 年 6 月 15 日，（341）388。按：竺梅先在讲话中称“竟跌距二十两”，有夸大之嫌，相关史料记载为 37 两，参见本书相关论述。

透过民丰造纸厂安排的一系列发言，我们可以看出这次股东大会是民丰造纸厂为打造自己是“实业救国”的楷模，以及“国货”的典型而进行的一次精心策划。无一例外，每位发言人都在讲话中突出了创立实业和“国货”的重要意义与重重困难。董事长徐桴强调，“生产建设实为救国之要图”，民丰造纸厂“对于国家、社会之利益，实非浅鲜”；竺梅先则强调民丰有民族大义，主动“减少无谓竞争”，谋求民族纸业的发展，转制卷烟纸；褚辅成强调“国货”的种种艰难，号召“尽力抵制私货”；媒体代表严独鹤总结了民丰造纸厂成功的原因，并称创制卷烟纸的精神“实堪钦佩”。

同时，这次大会广邀新闻媒体，也说明民丰造纸厂是为了扩大影响。例如严独鹤，自 1914 年起主持《新闻报》副刊，在新闻界声望极高，他来参会并作为代表发言，充分说明民丰造纸厂想利用新闻媒体来宣传国产卷烟纸。

当然，地处嘉兴的民丰造纸厂能邀请上海实业、工商、舆论各界 500 多人到厂参观，与民丰造纸厂股东的官方背景有极大关系。民丰造纸厂董事长徐桴，系上海特别市财政局局长，董事褚辅成早就是社会名流。在这次股东大会上增资认股的，除旧股东外，华丰造纸厂杜月笙、金廷荪、叶荫三也都参加了，另外尚有新股东张啸林和南洋兄弟烟草公司等①。

6 月 14 日的股东大会，奠定了民丰造纸厂“模范工厂”

---

① 金志朗、沙咏源：《民丰、华丰两造纸厂简史》，《中华文史资料文库》（经济工商编）第 12 卷《工业》，北京：中国文史出版社，1996 年，第 841 页。

地位，之后不断有新闻媒体前往参观，好评不断。石英称，民丰造纸厂为“国内造纸业数一数二”，对其制造卷烟纸大加赞扬，字里行间无不透露出民族自豪感：“新纸厂专造香烟纸，机件更较精美，今年刚才开办，现在还在打样期间，成绩已非常可观。一面运进去的是些麻、鱼网、夏布等不伦不类的旧东西，一面便抽出不知若干长度的雪白烟纸，大卷大捆的摆在眼前，真是可爱可喜，而且它是民族工业，较参观外国任何大工厂还要特别高兴。”①

国人对民丰造纸厂成功制造卷烟纸“同深雀跃”，有一种“扬眉吐气”之感②，缘自卷烟纸在所有机器造纸中技术要求最高，之前国内无厂制造，全赖进口，国家权益大量损失：

盖卷烟在我国的消耗量，着实可惊。例以每人日吸十枝论，上海一埠，姑以吸者百万人计，即需千万枝，平均每枝以国币一分计，需耗费十万元一天。合全国统计起来，岂不可惊？而烟“纸”所占之百分比，化之于灰烬的金钱，当亦不在少数。漏卮之巨，宁不痛心！③

有人估算，民丰造纸厂成功制造卷烟纸张，每年可“杜塞漏卮七百万元”④。

---

① 石英：《南巡佳话》，《申报》，1936 年 7 月 5 日，（342）123；亦见，《中国建设》，1936 年第 14 卷第 2 期，第 142 页。

② 孟昭：《国货卷烟纸小言》，《申报》，1936 年 8 月 19 日，（343）488。

③ 孟昭：《国货卷烟纸小言》，《申报》，1936 年 8 月 19 日，（343）488。

④ 《一周间国货新讯》，《申报》，1936 年 7 月 29 日，（342）750；“漏卮”数目，亦有称“年在四百万元以上”，参见《国产卷烟纸继续研制成功，定今日起赠送样品，全国烟制厂当乐用》，《申报》，1936 年 3 月 1 日，（338）14。

1935年，还在准备试制卷烟纸之时，民丰造纸厂即依据《工业奖励法》向国民政府实业部申请生产卷烟纸的专制权[①]。7月27日，国民政府实业部依《工业奖励法》第一条第二款之规定，批准了民丰造纸厂的申请：

准予在浙江、福建、山东、河北四省及上海、青岛、天津三市区内享有专制权五年，自二十四年九月一日（1935年9月1日）至二十九年八月三十一日（1940年8月31日）止[②]。

实业部批准的卷烟纸专制权，为民丰造纸厂试制卷烟纸创造了一个无竞争的外部环境，保证了试制成功后有销售市场，从而坚定了民丰造纸厂试制卷烟纸的决心。在获批专制权后，民丰造纸厂“即开始筹制”，“力谋改进”，最后出品质量符合标准，各烟厂纷纷采用，“深获嘉许”[③]。

民丰造纸厂因卷烟纸而发展壮大，对民族工业发展来说当然是一件幸事。由于国内卷烟纸市场“漏卮”巨大，而民丰造纸厂独享卷烟纸专制权，因此最终形成对国内卷烟纸市场一定程度的垄断，“攫取巨额利润”[④]，这显然对民族工业的进一步发展不利。

---

① 《民丰志》编纂委员会编：《民丰志（1923—1996）》，北京：中华书局，1999年，第6页。

② 《实业公报》，1935年，第245期，133页。

③ 《民丰国货卷烟纸足供烟厂应用》，《实业部月刊》，1937年第2卷第1期，第265页。

④ 竺培农、竺培元、竺培德：《竺梅先与民丰、华丰造纸厂》，《文史资料存稿选编》之《工商经济史料丛刊》，第3辑，北京：文史资料出版社，1984年，第169页。

本章小结

民丰造纸厂在接办禾丰造纸厂后，显然深知“废水”对东栅民众饮用水的影响。与之前禾丰、竟成时期相比，民丰厂采取了种种措施，比较好地解决了东栅民众的诉求。若无1934年的大旱，也许不会出现“废水风潮”。在“废水风潮”出现后，民丰造纸厂投入了不少人力和物力，通过开凿自流井解决民众的饮用水问题，平息了风波。

民丰造纸厂能投入巨资解决东栅民众饮用水问题，应该得益于其通过“国产纸版联合营业所”积累了大量资本。“废水风潮”的解决为民丰造纸厂进一步发展，特别是开发薄白版纸、卷烟纸，创造了一个良好的外部环境。薄白版纸、卷烟纸相继开发成功，树立了民丰造纸厂的“国货”典范的地位，使民丰造纸厂成为“实业救国”的典型。此后，“废水风潮”被视为民族工业发展中的不和谐成分，被主流新闻媒体过滤，《申报》也不再报道相关新闻。

第五章　抗战后民丰造纸厂的“废水风潮”（1945—1949）

第一节　权力运作与厂产接收

一、抢先接收

1945年抗战胜利后，国民政府行政院成立全国性事业接收委员会，统筹对敌伪产业的接收，下设北平、上海、青岛、广州4个“敌伪产业处理局”；同时在8月至11月间先后颁布《收复区处理敌产应行注意事项》及《收复区敌伪产业处理办法》，并核定《敌伪小工矿以公平价格标售办法》等。经济部也在八九月间颁布了系列政策和法规。

1945年10月27日，全国性事业接收委员会下设的上海区处理局成立，负责对上海及江苏、浙江、安徽和南京

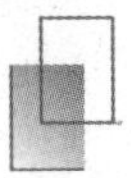

的敌伪产业进行接收与处理，并于10月29日召开了第一次会议[①]。

不过，在国民政府部署敌伪产业的接收工作之前，金润庠早已提前筹划。1945年6月抗战胜利在望之际，金润庠便在杭州召集民丰、华丰造纸厂高级职员沙咏源、崔云先、孙定阳、刘圭瓒、金则恒等5人共商收回厂产的对策，决定由原厂长孙定阳去嘉兴准备接收厂产[②]。

1945年8月15日，日本无条件投降，日方交还全部厂产，9月8日完成资产清点[③]，9月13日正式完成交接工作[④]。接收下来的资产，与嘉兴沦陷前相比，除厂内大部分机器受损严重外，其他基本完好[⑤]。

当年9月，国民政府经济部部长翁文灏来到上海，金润庠立即前往拜见，报告主动接收种种经过。翁对金说："你下手倒快呀！"接着又关照："凡经过敌伪经营过的工商企业，都要先由政府接收，然后再办手续，查明发还。"金润庠立即要求变通办理。他俩是宁波同乡，翁面允设法。不久，经济部在上海成立苏浙皖区经济特派员公署，下设纸厂复工指导

---

① 熊月之主编：《上海通史》第8卷《民国经济》，上海：上海人民出版社，1999年，第426—428页。

② 金志朗、沙咏源：《民丰、华丰两造纸厂简史》，《中华文史资料文库》（经济工商编）第12卷《工业》，北京：中国文史出版社，1996年，第848页。

③ 《为请求给示保护而安工作由》（1945年9月9日），嘉兴市档案馆，档号：L304-002-166-101。

④ 《民丰志》编纂委员会编：《民丰志（1923—1996）》，北京：中华书局，1999年，第7页。

⑤ 金志朗、沙咏源：《民丰、华丰两造纸厂简史》，《中华文史资料文库》（经济工商编）第12卷《工业》，北京：中国文史出版社，1996年，第848页。

委员会，其主任委员又与褚凤章、陈晓岚熟识，另由杜月笙从中疏通，最后正式发表文告，同意由金润庠、褚凤章、芮得先3人接收民丰、华丰两厂。与民丰的“自行收回”相比，之后上海的许多工厂企业，凡是经过官方接收的，大都“体无完肤”。由此可见，两厂下手早，动作快，才使纸厂幸免于难[①]。

二、设法开工、低估清册

抗战胜利后，行政院在上海成立了敌伪产业处理局，规定沦陷区敌占工厂所有接收物资应归国家所有，而占领期间所受损失应另外向日本要求赔偿，不过没有规定赔偿日期。如此一来，金润庠虽在经济部“帮助”下接收了纸厂，但这只是一个空厂，对日索偿又遥遥无期，故无法开工。金润庠将此情形告诉了杜月笙，经杜支持，金润庠就利用自己的“经济部特派接收委员”的身份，立即动用接收物资开工生产，偷着生产了一年[②]。

同时，为了使生产合法化，金润庠展开了多方面活动。他分别通过上海市商会、全国商联会、国民参政会、上海市参议会等团体，向政府请愿，要求敌占工厂的财产应作价抵充赔偿该厂战时所受损失；并联合其他处境相同的工

① 金志朗、沙咏源：《民丰、华丰两造纸厂简史》，《中华文史资料文库》（经济工商编）第12卷《工业》，北京：中国文史出版社，1996年，第848、849页；据官方统计，上海经查明发还原主价值不到接收总产值的4%，参见熊月之主编：《上海通史》第8卷《民国经济》，上海：上海人民出版社，1999年，第432页。

② 金润庠：《我不再起伏不定动荡不安》，《工商界》，1956年第2期，第30页。

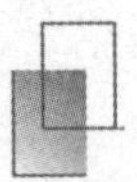

厂同声响应，一致主张。另外，他还为此向骆清华主持的《上海商报》投资100万元，发动舆论支持。最终，敌伪产业处理局同意民丰、华丰两厂敌交物资，一概由厂方自行估价呈报并优先承购。

金润庠又通过有关方面，尽量压低单价估值来造送清册，并在付款上一拖再拖，两年多不付价款。国民党有关主管单位欲与民丰造纸厂为难，后经杜月笙介绍，金润庠与行政院院长张群面谈，批准按延期时间加付一些利息了事[①]。不过此时的法币早已不值钱了。

金润庠利用接收物资很快恢复生产（1945年12月8日“2号纸机”恢复生产），拥有专营权，独占国内卷烟纸市场，抬高售价[②]，获得了极高的利润。金润庠自称，这两年多时间：“我估计已占到2千多根金条的便宜”[③]。

第二节　愈演愈烈：1947年的“废水风潮”

一、4月：平静打破

民丰造纸厂接收敌产后即着手筹备复厂：向国民政府经济部敌伪产业处理局呈报厂产接收情况，请求核准；任

---

① 徐新吾主编：《中国近代造纸工业史》，上海：上海社会科学院出版社，1989年，第248页。

② 《民丰造纸厂独占纸圈市场，利用特权，任意抬价》，《正言报》，1948年7月22日。

③ 金润庠：《我不再起伏不定动荡不安》，《工商界》，1956年第2期，第30页。

命陈晓岚为民丰造纸总公司副总工程师，褚凤章为代协理；通知被遣散的职工返厂办理复职登记；检修机器。1945年12月8日，“2号纸机”恢复生产，这一天后来被定为民丰造纸厂复厂纪念日。1947年6月28日，“1号纸机”修复恢复生产，仍以生产薄白版纸为主。1948年2月26日，“3号纸机”竣工投产，与“2号纸机”一样生产卷烟纸[①]。

民丰造纸厂自1945年12月8日恢复生产以来，一直与东栅民众相安无事。不过，1947年4月这种平静被打破，“废水风潮”再次发生，东栅民众要求“增加改善供水设备”。后来在嘉兴县参议会协商下，双方达成以下4点协议：

一、全部地下水管换新以利输水；

二、水坦克二只增高三尺；

三、打水邦浦（pump，水泵）加大（由原有之一吋邦浦改为二吋邦浦）；

四、打水工人增加（由原有四名增加为六名）[②]。

对于这个决议，民丰造纸厂不是十分满意。首先，民丰造纸厂认为在恢复生产后，其对东栅一带民众的饮用水问题“困心衡虑”，也在“力求改善”：

本厂设备战时被敌毁损颇巨，去年复工，以种种关系，未能逐一恢复，惟在东栅镇增至龙头卅五个，增高水塔，

---

① 《民丰志》编纂委员会编：《民丰志（1923—1996）》，北京：中华书局，1999年，第7页。

② 《关于民丰纸厂泄水纠纷调处办理经过等情况》（1947年10月10日），嘉兴市档案馆，档号：L304-005-204-006。

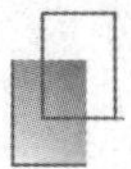

改用帮浦打水，二帮浦（一大一小）每日可汲三、五吨水量，足供二千五百人饮用；再加挖水沟，连同雇用使用帮浦工人六人，厂方已费一万六千万元[①]。

其次，民丰造纸厂认为，东栅镇居民数量抗战前约为1000户，战后增为1200户，“增加人数约仅二成，决无增加五成以上打水人工及一倍以上打水设备之必要”。不过，为了让东栅民众“满意”，民丰造纸厂还是“不惜再斥重资改建”[②]。

二、7月：向嘉兴县政府请愿

然而，在民丰造纸厂完成“重资改建”东栅镇供水设施后，7月份，东栅民众还是推派代表向嘉兴县政府请愿：“自纸板工场复工后，放泄污水，流入本集市河及附近乡村河道，影响饮料、农作，危害群众生命”[③]，要求解决民丰造纸厂排放废水问题。

民丰造纸厂恢复生产后肯定要排放废水，流入河道，这是无疑的，只是为何在民丰造纸厂恢复生产一年多后，并且也极大地改善民众饮用水条件时，东栅民众还是请愿反对。这有两方面的原因：

首先，民丰造纸厂称污水侵入河道，是因为当年4月

---

① 《民丰纸厂泄水纠纷调处座谈会》（1947年9月26日），嘉兴市档案馆，档号：L304-002-166-094。

② 《关于民丰纸厂泄水纠纷调处办理经过等情况》（1947年10月10日），嘉兴市档案馆，档号：L304-005-204-006。

③ 《民丰纸厂复工后放泄污水流入本集市河及附近乡村河道影响饮料农作危害群众生命》（1947年9月24日），嘉兴市档案馆，档号：L304-002-166-093。

以来的“天旱”[1] 所致。以前“小河流支流中水量尚大，经稀释后尚未有如何严重之污染程度”，所以东栅民众虽“烦言啧啧”，也无大的抗议活动。其次，还有一个重要原因，是1947年6月28日，民丰造纸厂“1号纸机”修复，恢复薄白版纸生产[2]，产生了大量“黑水”。“黑水”增加，加上天旱，由此使“废水”矛盾再次凸显：

直到去年八月间，因天时亢旱，况且民丰厂在去年八月前，完全出品卷烟纸，所用原料都是纯碱，所放废水并无大异，故受灌区域并无异言，后来厂中加制白纸板，出品即用原料系为稻草及废布，而稻草一经燃烧，灰烬系为碱性，经日光熏遂即成黑色，便是所谓“黑水”。东栅镇第七、十二两保乡民已烦言啧啧，但当时小河流支流中水量尚大，经稀释后尚未有如何严重之污染程度，可是到了去年七、八月间天气苦旱，小河支流中水量减少，所泄废水黑色愈深，于是乡民恐惧心理愈大，至八月间排水口之水闸闸门突然破坏，黑色废水骤然冲入小河支流，分布各村庄，乡民乃大哗，纠纷遂起[3]。

在东栅民众请愿后，嘉兴县参议会张议长会同县党部袁秘书等，召集双方调解处理，最后张议长等提出了5点解决办法：

---

① 《关于民丰造纸厂废水放入河内影响民众饮水及农田生产拟提出解决方案的报告》（1952年4月21日），嘉兴市档案馆，档号：073-001-043-059。

② 《民丰志》编纂委员会编：《民丰志（1923—1996）》，北京：中华书局，1999年，第7页。

③ 榕：《“黑水”化验的结果，不堪作饮料，有益农作物》，《国民日报、嘉兴民国日报、嘉兴人报联合版》，1948年9月25日。

1. 在污水问题未解决前，厂方应停止放泄；

2. 增设蓄水池，以利沉淀，并隔周于夜间放泄一次；

3. 加高水台，并以电力打水，整理水管，增设公共龙头；

4. 于东市梢增开自流井一个；

5. 下塘之自流井亦须装水台、水管[①]。

对于以上5点意见，民丰造纸厂“全部接受”[②]。不过，随后民丰造纸厂又指出，做到上述5点需要时间：

增设蓄水池在赶办中，惟一时不及完工，故放泄时间请改为每隔四日一次，自下月份起可如要求办理。关于加高水台，整理水管，以电力打水，即日由厂方派员至东栅镇实地勘察后再作确切改进，如采办材料无问题，当于短期内赶办完竣[③]。

民丰造纸厂最初许诺在1个月内完工，不过在7月民众请愿后的两个多月时间里，民丰造纸厂只进行了“加高水台”和“水管整理”等简单工作，“简直可谓都未履行”，“即加高水台而益不增加水量，整理水管也是添新补旧、因陋就简的敷衍而已，绝对不能充分供给民众饮料”[④]。

---

① 《民丰纸厂泄水纠纷调处座谈会》（1947年9月26日），嘉兴市档案馆，档号：L304-002-166-094。

② 《民丰纸厂复工后放泄污水流入本集市河及附近乡村河道影响饮料农作危害群众生命》（1947年9月24日），嘉兴市档案馆，档号：L304-002-166-093。

③ 《民丰纸厂泄水纠纷调处座谈会》（1947年9月26日），嘉兴市档案馆，档号：L304-002-166-094。

④ 《面临重要的问题，特提出数点如下》（1947年），嘉兴市档案馆，档号：L304-002-166-100。

同时，民丰造纸厂也没有“隔周于夜间放泄一次”，甚至连续泄放5天，以至“河水变色，恶嗅充鼻”。故东栅民众认为，民丰造纸厂“有意敷衍”，不但“不能认真改善”，反置“全镇民众生命以不顾”，这使得东栅民众“群情忿愤，烦言啧啧”。东栅民众向朱振凡求援。朱振凡在东栅是“镇绅”，系国民党嘉兴县党部成员，曾参加过1929年竟成四厂“废水风潮”斗争。1947年8月19日，朱振凡给民丰造纸厂副总经理褚凤章去信，转达了民众的不满：“东栅顷有多人来谈，贵厂污水已流达各乡，菱荇枯槁，鱼虾尽毙；水管每日放水三次，水量甚小，不敷应用，最好加以改良，特为转达。”①

三、9月：向各级政府请愿

9月24日，东栅民众代表24人，联名向嘉兴县政府上书：“该厂只知本身逐利，危害全镇生命，决以整队来城，向党、团、参请愿，以求合理解决，外理合其文，呈请钧府迅予秉公调处，以重民命。”② 民众要求合理解决废水问题，并准备再次进行大规模请愿。

嘉兴县县长潘震球当即批示，“请施科长会同各机关代表前往察看，妥为调解”。其实，在上书嘉兴县政府时，当天东栅镇第七、八、九三保民众已经“集队”在东栅镇镇

① 《关于民丰造纸厂污水加以改良由》（1947年8月19日），嘉兴市档案馆，档号：L304-007-014-037。

② 《民丰纸厂复工后放泄污水流入本集市河及附近乡村河道影响饮料农作危害群众生命》（1947年9月24日），嘉兴市档案馆，档号：L304-002-166-093。

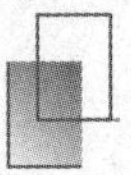

公所门前请愿，并威胁“欲往城区各有关机关请愿及举行取置黑水游行运动”。东栅镇派出所长官徐国镇“再三劝导，无法止持”，只得电告嘉兴县县长潘震球[①]。

9月24日，东栅民众进入嘉兴县城后，除了到嘉兴县政府请愿之外，还到浙江省第十区行政督察专员兼保安司令公署前请愿，给嘉兴县政府施压。9月25日，浙江省第十区行政督察专员兼保安司令吴寿彭电函嘉兴县县长潘震球，要求“由卫生院长或警察局长召集双方代表洽定，合理解决”[②]。

四、民丰纸厂泄水纠纷调处座谈会

东栅民众多处请愿施压起到作用，9月26日上午，在嘉兴县县长潘震球的主持下，“民丰纸厂泄水纠纷调处座谈会”在嘉兴县政府会议室举行。这次座谈会规模较大，共34人参加，其中官方的机关团体8人：李仲斋（县党部）、陈全发（县警察局）、戴文告（县青年团）、郭嗣星（县参议会股长）、白目远（浙江省第十区行政督察专员公署）、刘□（县卫生院院长）[③]、潘震球（县长）、施作雨（县政府建设科科长）；民丰造纸厂派出3人：孙定阳（厂务监督）、陈晓岚（厂长）、杨念椿；东栅民众代表22人：王文深、石麟书、于大经、张敏才、高德奎、盛柏青、沈召泉、

---

① 《嘉兴县警察局东栅口派出所代电》（1947年9月24日），嘉兴市档案馆，档号：L304-002-166-084。

② 《为民丰纸厂放泄污水案，仰召集纸厂、民众双方代表、地方首长会同调处由》，嘉兴市档案馆，档号：L304-002-166-085。

③ 按：本书中所用资料，笔者无法识别的字以“□”代替。

屠宝华、陈福林、李对照、张对煋、沈惠泉、冯河棠、色天荣、朱全和、汤顺寿、周人杰、林逢春、王欣木等。

座谈会上，嘉兴县县长潘震球首先表明了县政府既关注民生也注重实业、定会秉公办理的态度：

东栅镇及附近饮料应力求清洁，民丰造纸厂为有名生产工厂，应力求其发展，而其泄水有碍东栅镇及附近住民饮料事宜，希望双方开诚的以情以理来想出妥善的解决办法，如办法决定后需要政府执行，政府当切实照办，先请各方发抒意见[①]。

有了县长的保证，各方充分表达了自己的意见。首先，东栅民众代表王文深[②]等指出，全镇民众唯一要求“只饮料清洁而已”。同为东栅民众代表的于大经，也许因为同时身为县参议员的缘故，指出既要解决问题，又要以“和”为贵：

今天讨论问题，事先应该声明最好：一，不要超出问题以外，勿意气用事；二，希能获得具体办法；三，双方兼顾，以前次张议长等决定五项办法作根据[③]。

---

① 《民丰纸厂泄水纠纷调处座谈会》（1947 年 9 月 26 日），嘉兴市档案馆，档号：L304-002-166-094。

② 王文深（1915—1968），嘉兴东栅人，烟什店业主，曾任抗日政工队副队长，《嘉兴人报》副编辑，参见薛家煜编撰：《图说东栅》，嘉兴：吴越电子音像出版社，2016 年，第 24、81 页；按：薛家煜称王文深系其姑父，“深”亦作“琛”。

③ 《民丰纸厂泄水纠纷调处座谈会》（1947 年 9 月 26 日），嘉兴市档案馆，档号：L304-002-166-094。

嘉兴县参议会股长郭嗣星支持之前张议长等提出的解决办法，同时指出前天东栅河道黑水满流是因为“造纸厂水闸被人毁坏”。嘉兴县卫生院刘院长在其发言中也强调了这一点：

一、前天据说水闸被毁，致污水汎溢，后水闸修复，昨日东栅镇河水较清，今后可否逐渐清洁，可派人逐日采验；

二、东栅镇蓄水理能增多，饮料可望解决；

三、东栅镇附近村落，最好有三百人左右，掘井一口①。

不过，对于上述两位所说前天河水污染是因为水闸被毁，浙江省第十区行政督察专员公署代表存疑，并指出解决东栅镇饮用水问题需要标本兼治：

东栅镇饮料问题，只质与量而已，均可以科学方法解决，如量的方面，打水工人可以阖镇人士监督之，帮浦不善，厂方应加修理改良，水理可望增加。至质的方面，可用科学方法检验是否含有毒素、毒素程度如何、污水可否灌溉肥田，这是治本。前天污水是否因水闸被毁所致，水闸修复后，可否逐渐清洁，可由各方派人监督，一面加掘水井，在井未开竣前，可用船送水②。

---

① 《民丰纸厂泄水纠纷调处座谈会》（1947 年 9 月 26 日），嘉兴市档案馆，档号：L304-002-166-094。

② 《民丰纸厂泄水纠纷调处座谈会》（1947 年 9 月 26 日），嘉兴市档案馆，档号：L304-002-166-094。

嘉兴县党部李仲斋则提出以下4点意见：

一、厂方最好能于最短期内恢复原有蓄水池；

二、东栅镇蓄水也增大；

三、各地多开掘公井；

四、厂方于开放污水时用船送水①。

整体来说，以上官方机关团体代表的发言是比较客观的，只是从县参议会股长郭嗣星、县卫生院刘院长强调前几天排出污水是水闸被毁所致，似乎说明他们有点偏向为民丰造纸厂解围。等到厂方代表发言时，很容易看出他们是为自己辩护。民丰造纸厂厂长陈晓岚声明，厂方对东栅镇一带民众的饮用水问题“困心衡虑”，也在“力求改善”，自恢复生产以来，在增设水龙头、增高水塔、改用水泵打水等方面已耗费1亿6千万元。而厂务监督孙定阳提出的两点意见，为自己辩护的意图就更加明显：

一、希望政府对东栅镇住民晓谕科学，减少住民对黑水恐怖；

二、杭州华丰厂利用黑水灌溉肥田，请政府负责邀各方组织参观团，前往参观，以期能利用黑水②。

对于孙定阳的意见，嘉兴县县长潘震球表示认同，虽然他也认为“东栅镇及附近饮料应力求清洁”，但是“民丰

① 《民丰纸厂泄水纠纷调处座谈会》（1947年9月26日），嘉兴市档案馆，档号：L304-002-166-094。

② 《民丰纸厂泄水纠纷调处座谈会》（1947年9月26日），嘉兴市档案馆，档号：L304-002-166-094。

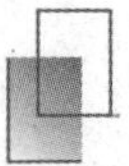

造纸厂为有名生产工厂，应力求其发展”：

综合各方意见，一、污水可否用作肥料，政府负责化验一下；二、污水如有毒素，民丰造纸厂应禁止放泄[①]。

经过一番讨论之后，东栅民众代表提出6点具体解决意见：

一、恢复战前原有蓄水池（包括三水湾等处水田）；

二、十二保、七保开凿土井，在未完工前由厂方供给附近住民饮水，其水量及技术由双方会同县政府办理；

三、镇上水量增加至每日十桶；

四、泄放污水至每十日放一次；

五、下塘增设水塔、水管；

六、请厂方延聘专家从事研究，以求使污水变为有益农田之肥料。

附带：许岸泾桥建设水闸二段，供牲畜、洗濯、游泳之用[②]。

毕竟东栅民众饮用水源受到了民丰造纸厂排放废水的影响，上述6点意见构成了这次“民丰纸厂泄水纠纷调处座谈会”最终定下的5点决议的基本内容：

一、泄放污水：目前因厂方限于蓄水设备，只能五天泄放一次，最近十天内每天由警察派出所、镇公所、造纸

---

① 《民丰纸厂泄水纠纷调处座谈会》（1947年9月26日），嘉兴市档案馆，档号：L304-002-166-094。

② 《民丰纸厂泄水纠纷调处座谈会》（1947年9月26日），嘉兴市档案馆，档号：L304-002-166-094。

厂会同取水一瓶，瓶口三方加封盖章，进行化验改进。

二、污水蓄放至三水湾灌溉农田问题，由县政府派员会同有关方面计划解决后，由厂方进行。

三、东栅镇上饮水量每日增为十桶，并增设蓄水池储水，先由东栅警察派出所监督原有工人就原有设备试行打水，如不足十桶之量，厂方应即佐加工人补足之。

四、下塘由厂方增设水管。

五、东栅第十二及七两保范围内由厂方开凿水井，其数量、地点由县政府会同有关方面勘察决定，惟在水井未完工前，遇泄污水之日，由厂方用船送水，供给民食①。

由于之前厂方“一再违约，经未履行”，东栅民众代表对于达成的5项决议能否得到执行还是心存疑虑：

请各位政府代表严厉督促厂方履行协议的五项条件，务须改宽诚意，我们不要口头敷衍的话，解决最要的是充分供给饮料，同时附近乡区住户的饮料，亦须兼筹并顾。如厂方饬工役来镇工作时，须会同东栅镇公所进行一切。请注意，厂方所谈条件是否确是诚意，因为以前一再违约，经未履行②。

9月26日，“民丰纸厂泄水纠纷调处座谈会”结束，嘉兴县政府马上行动，第二天就将座谈会纪录发给县党部、

① 《民丰纸厂泄水纠纷调处座谈会》（1947年9月26日），嘉兴市档案馆，档号：L304-002-166-094。

② 《面临重要的问题，特提出数点如下》（1947年），嘉兴市档案馆，档号：L304-002-166-100。

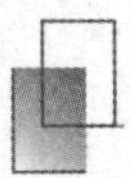

县参议会、县青年团、县警察局、县卫生院、东栅警察派出所、东栅镇公所、东栅镇第七保保长、东栅镇第十二保保长和民丰造纸厂，作为办理的依据[①]。同时，县长潘震球分别命令相关部门，落实座谈会决议内容。如：命令县农推所代表县政府解决“污水灌溉农田”，落实决议第二项内容[②]；东栅警察派出所“就近与厂方洽办”，落实决议第三项内容；县卫生院院长代表县政府，会同有关方面前往实地勘察，“决定食用水源数量及送达地”，落实决议第五项内容[③]。

9月29日，县长潘震球将“废水风潮”处理经过及解决办法，电告浙江省第十区行政督察专员[④]。

按照座谈会的决议和县政府的命令，相关部门积极行动。如县卫生院派员会同东栅镇镇长、派出所及七、十二保两保长、民丰造纸厂代表，前往东栅镇七、十二两保调查。其得出结论，第七保“河水已清，无需送水”。虽“无需送水”，但第七保还是与厂方订立合同，由厂方按照“每年每亩津贴三元底数，照生活指数折成现金赔偿”，5年为

① 《抄送“民丰造纸厂泄水纠纷调处座谈会”纪录一份》（1947年9月27日），嘉兴市档案馆，档号：L304-002-166-089；《为录发民丰造纸厂泄水纠纷座谈会解决办法第三项原文，仰遵办具报由》（1947年9月27日），嘉兴市档案馆，档号：L304-002-166-091。

② 《为录发民丰造纸厂泄水纠纷解决办法第二项原文，仰遵具报》（1947年9月27日），嘉兴市档案馆：档号：L304-002-166-088。

③ 《为饬会勘东栅镇七、十二两保开凿水井地点，在未完工前应需水量及送达地点具报等核由》（1947年9月27日），嘉兴市档案馆，档号：L304-002-166-087。

④ 《为呈复调处民丰纸厂放泄污水纠纷经过情形检同纪录祈鉴核由》（1947年9月29日），嘉兴市档案馆：档号：L304-002-166-086。

限。第十二保人口虽有460余人，但居住分散，“民众要求掘井十二口，厂方负担嫌重”，最后决定先凿井6口，“地点业已勘定，并绘具图说”[①]。

10月10日，民丰造纸厂厂长陈晓岚向县政府详细汇报了“民丰纸厂泄水纠纷调处座谈会”决议的执行情况：

关于第一项“污水取样”，自9月27日起，在东栅警察派出所、东栅镇公所的监督下，民丰造纸厂按日会同三方在东栅镇区内相关地点各取水样三瓶，一瓶存在该镇公所，一瓶存在厂内，一瓶送县政府以备化验，并于10月6日送样完毕[②]。

从9月27日起，至10月6日止，的确符合座谈会决议第一项取样10天的决定。不过，10月6日送样并未结束，而是延长了5天。10月6日，东栅镇镇长石麟书在给嘉兴县政府的报告中称：

改进一节，厂方毅然遵行，每日会同来镇取水查封。惟近以该厂本十月三日起因整理机件，暂行停工，污水未见放出，本镇市河经几日沉淀，水色渐转澄清，为求化验鉴证起见，理合电恳转饬民丰纸厂及警察派出所继续延长五天，来镇取水查封，以资准确[③]。

---

① 《答呈卫生院》（1947年11月3日），嘉兴市档案馆，档号：L304-002-166-083；《关于民丰造纸厂废水放入河内影响民众饮水及农田生产拟提出解决方案的报告》（1952年4月21日），嘉兴市档案馆，档号：073-001-043-059。

② 《关于民丰纸厂泄水纠纷调处办理经过等情况》（1947年10月10日），嘉兴市档案馆，档号：L304-005-204-006。

③ 《民丰造纸股份有限公司中关于民丰纸厂泄水纠纷调处办理经过等情况》（1947年10月6日），嘉兴市档案馆，档号：L304-002-166-080。

石麟书的请求得到了县长潘震球的批准，命令东栅警察派出所、民丰造纸厂会同续取水样5天[①]。

对于第二项规定“废水泄流三水湾灌溉农田问题”，陈晓岚认为，废水灌田是“废水问题之釜底解决”。他首先声称，废水含有“碱钙”，“有利农作物，举世共知”，只是东栅农民“成见过深”：

查敝厂造纸泄余之废水，除色泽暗黑，由于稻竹蒸煮而来，并无毒素，外水中含有低量之碱及钙质二种，碱性由于纯碱，钙质由于碳酸钙，均由外洋定购之化学品，目前纯碱每磅市价贰万四千元，碳酸钙每磅市价贰万元，如此高价购得之物，决无浪费外泄之理，当邀明鉴，所泄微量碱钙原系技术上限制，无法再予收回者，实亦敝处之无形极大损失。查碱钙二品，均系一般肥田原料之最大成分，其有利农作物，举世共知。第以本地农民成见过深，认为妨碍农作物，不但拒绝利用，甚且呼吁禁泄。敝厂处此环境，无术劝导使农民乐于利用。惟科学即为真理，是非自有定评[②]。

为了让废水灌田“有利农作物”的说法更加有理有据，陈晓岚拿出致函杭州华丰造纸厂询问“废水灌田”经验后的华丰厂的回函：

---

① 《为饬续取存民丰纸厂该厂泄放污水五天仰遵办由》（1947年10月11日），嘉兴市档案馆，档号：L304-002-166-082。

② 《关于民丰纸厂泄水纠纷调处办理经过等情况》（1947年10月10日），嘉兴市档案馆，档号：L304-005-204-006。

敝处造纸废水以有益于农作物，可作肥田之用，是以于本年春初，由本乡各保长代表农民先向厂方登记，按派定时日放水入田，本年苦旱，佃农需要尤殷，经指派看水员多人，日夜轮流分区开放，惟尚不敷灌溉，农民互起争执，嗣由乡长出面情商，本厂以马达另打河水灌溉之，以求普及。故杭厂附近数千亩，土质肥沃，年年丰收逾恒，而田价估值，依照县府田粮征收处规定，亦因较寻常田亩高昂二、三倍而名为“纸厂田”。是以，敝处泄放废水于农田，大有裨益，以其含有肥田作用，故并无发生问题也，至秋收后，其种有春花田亩者，农民亦皆引适量废水入田，灌溉则遍地春花，倍形繁荣，结实累累，硕大无比，由有确证造纸污水有益种植可无疑义。是以其未种春花田亩，亦均愿本厂将过剩污水放入田内积蓄，意在施肥，而厂方亦派员管理，平均开放，不收费用，亦贴积水租金，农民向无烦言。以上为敝处废水办理情形，兹承示询用持奉告①。

根据杭州华丰造纸厂废水灌田的经验，陈晓岚得出以下4点结论：

一、废水肥田，有益农作。华丰造纸厂附近农户数千，不仅乐于引用，且曾发生殴争水量情事，时虞供给不足。

二、华丰厂附近农田数千亩，因引用废水致田土特肥，故经杭县府国粮处规定，田价较他处一般农田高出二、三

① 《关于民丰纸厂泄水纠纷调处办理经过等情况》（1947年10月10日），嘉兴市档案馆，档号：L304-005-204-006。

倍不等，而专名之为“纸厂田”，另由县府专科司理其事。

三、秋收后之春花引用废水灌溉后倍形繁荣，结实累累，硕大无比，要在农户引用适量，不使过多，至水量过多，即天雨亦同样影响春花也。

四、未种春花农户亦争索过剩废水之泄入以肥其田，绝无引用废水肥田再索赔价或津贴情事①。

在陈晓岚看来，“废水灌田”是一举两得的事情，但是由于三水湾农民“不明科学真理”，“误解废水有害农田”，结果虽经民丰造纸厂“数月解释”，三水湾农民仍“坚拒利用”，并且在县参议会从中斡旋后，反而对民丰造纸厂提出更加苛刻的废水处理条件：

一、泄放废水应由厂方赔偿春花损失，每亩糙米五斗（不论有无损害春花，一律照赔）。

二、废水不够用时应由厂方唧打河水，供应灌溉（即天旱时应由厂方设法供水）。

三、疏导废水之水沟，除由厂方负责开掘外，益应由厂方价购水沟所过田地。

四、灌溉废水用余放入河道，影响河水饮用时，厂方应负责解决②。

东栅镇居民反对排放废水，三水湾农民又提出“过当

① 《关于民丰纸厂泄水纠纷调处办理经过等情况》（1947年10月10日），嘉兴市档案馆，档号：L304-005-204-006。

② 《关于民丰纸厂泄水纠纷调处办理经过等情况》（1947年10月10日），嘉兴市档案馆，档号：L304-005-204-006。

条件”，民丰造纸厂认为这将威胁到厂方生存：

是则泄放废水，不论有无损失，固须按亩赔偿，天旱无水，又须代为解决田水等等过当条件，如此，则东栅镇反对泄放废水，三水湾拒用灌溉，双方压迫，不啻使敝厂整个窒息，其排泄机会，倘长此兴，敝厂为难，一旦横决，谁负其咎①。

对于第三项规定将东栅镇区供水“每日增为十桶”，陈晓岚称，在县参议会的协调下，已于1947年4月“斥重资改建”，至7月完成更换地下水管、增高水坦克、加大水泵、增加打水工人等工作。而9月再次发生供水纠纷，“殊出意外”。为了让东栅镇区民众满意，民丰造纸厂随即与东栅镇商量，“再度改进”：

供水量约较战前增二倍半（由四坦克增为十坦克），打水工人较战前增加三倍（由三名增为九名），各处敷设水龙头增加一倍（战前十七只增为三十五只），私人放水龙头亦增加一倍（战前十只增为十九只）②。

以上改善供水设施“日内即可照办”，民丰造纸厂认为这将彻底解决东栅镇区民众供水不足问题：

以此项一倍以上之设备及三倍以上之供水量，应付该

① 《关于民丰纸厂泄水纠纷调处办理经过等情况》（1947年10月10日），嘉兴市档案馆，档号：L304-005-204-006。

② 《关于民丰纸厂泄水纠纷调处办理经过等情况》（1947年10月10日），嘉兴市档案馆，档号：L304-005-204-006。

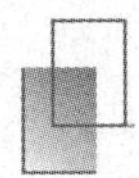

镇二成人口之增加，想不再虞匮乏矣[1]。

对于第四项规定“下塘由厂方增设水管”，陈晓岚称，下塘民众“别有用意”，请县政府进行“开导”。原因是下塘民众“仅二三十户”，战前民丰造纸厂曾在该处民众指定地点“建有深井一口”，可资汲用，“十余年来未有异议”。座谈会上，下塘民众突然要求敷设水管，“其别有用意可以想见”。当时，为了“息事起见”，民丰造纸厂“不惜曲从投其好”，但增设水管将用大量外汇，极不现实，否则将“停业”，故请县政府进行“开导”：

民众散处，地方辽阔，统计应用水管，须四百呎有奇，而是项水管皆来自国外，当此政府紧缩外汇之时，专请采购水管，外汇极为困难，自非一时可以办到，且外汇日益高涨，而于敝厂生产资金势必受其影响，迫之过甚，计惟宣告停业，其后果自非地方之福，况东栅水样足资证明其要求是否合理，此应请钧府予以开导而不为过甚也[2]。

对于第五项东栅镇第七、十二两保开凿水井的决定，陈晓岚也进行了反驳。原因是这两保远离民丰造纸厂，“废水素不经过”，同时经过之前卫生院会同勘察、取水化验，“绝无污浊现象”：

自嘉兴有纸厂二十余年来，皆相安无事，固且不论战

① 《关于民丰纸厂泄水纠纷调处办理经过等情况》（1947 年 10 月 10 日），嘉兴市档案馆，档号：L304-005-204-006。

② 《关于民丰纸厂泄水纠纷调处办理经过等情况》（1947 年 10 月 10 日），嘉兴市档案馆，档号：L304-005-204-006。

后敝厂就厂后基地增加蓄水池面积几达一倍，处理废水设备效能增加倍余，原期有所改进，决不致又使废水远入该保河道。二十三年夏，旱魃施虐，三月不雨，南湖水涸，仅及没胫，其严重过于今日，然该保等民众亦未有异议。最近忽生误解，固由于久旱无雨，河水枯涸，造成一时现象，但以十日来东栅镇取来清水观之，与该二保河流之水，自必相同，然敝厂为求明了事实起见，经饬员按日取水化验有无废水成分，拟乞钧府令饬警局会同该两保保长逐地取水，呈府查验，如或确有废水成分，敝厂决不推委责任，自应秉承指示，凿井供水也①。

最后，陈晓岚指出：

钧府有维护工业、安定地方之责，定能体念建设大业端赖工业之发展，我政府对于爱护民族工业奚止三令五申，而地方民众不能仰体重建国家之艰难，复兴民族工业之痛苦，不究真理，徒逞意气，妄事争持，不独非地方之福，抑且为建国之患，影响所及，外来投资，谁复敢至本县兴办工业，而与共谋建设嘉兴乎？夫国家兴亡，匹夫有责。敝厂屡受地方压迫而于建国责任始终未敢落人之后，故每事委曲求全，相忍为国，绝不与地方计数一日之长短，但求合理之解决。九月二十六日会议之际，敝厂孙监督定阳

① 《关于民丰纸厂泄水纠纷调处办理经过等情况》（1947 年 10 月 10 日），嘉兴市档案馆，档号：L304-005-204-006；后来因为双方对凿井数量有分歧，至 1949 年年底也未实施。参见《关于民丰造纸厂废水放入河内影响民众饮水及农田生产拟提出解决方案的报告》（1952 年 4 月 21 日），嘉兴市档案馆，档号：073-001-043-059。

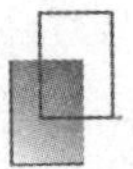

曾经请求钧府组织视察团，往杭州华丰厂所在地，视察灌溉农田实际情形，以释本县农民之惑，并请将废水由钧府汲取往杭化验，以决饮料之疑。同时并请将华丰厂来函所陈各节乞钧府行文杭县政府查复，以资证明而昭翔实，则群疑自释而地方兴，敝厂亦受其益，想钧府亦乐于倡导，使敝厂不再因地方误解而窒息，其废水之泄放，实为公便①。

陈晓岚以“实业救国”为名来要挟嘉兴县政府，是非常有力的。此后，官方一直将“废水灌田”作为解决民丰造纸厂污染问题的首要途径，竭力维护纸厂的正常生产。

第三节　误入歧途的废水灌田

一、肥田：废水灌田目的

中国有“物尽其用”的传统，农民自古就有利用人畜粪尿积肥施肥的传统。张连辉在《中国污水灌溉与污染防治的早期探索（1949—1972 年）》一文中指出，近代以来，随着城市和现代工业的发展，工业废水和城市污水日益增多，少数城市近郊农民已零星引用工业废水和城市污水灌

① 《关于民丰纸厂泄水纠纷调处办理经过等情况》（1947 年 10 月 10 日），嘉兴市档案馆，档号：L304-005-204-006。

溉农田[①]。不过，要说中国工业污水灌溉的“早期探索”，把研究时段放在民国时期无疑更加合适，因为民国时期已经进行了一定规模的实践与推广。中国近代利用工业废水灌溉农田的历史，学界还无人系统地研究，就笔者陋见，在20世纪20年代开始就出现了废水灌溉农田的相关报道及实践。

19世纪末，英国因工业发达而造成严重水污染，不仅“良好之饮料水”难得，河道外观污秽，“无异露天阴沟”。之后，英国成立了皇家污水处理委员会，研究如何制止河道污染。美国也在20世纪初开始治理污水。至20世纪30年代，世界主要发达国家形成了6类污水处理方法：稀释法、灌溉法、化学沉淀法、过滤法、消化法、活泥积清理法[②]。

民国时期，随着我国工业的发展，工业污水问题在一些地区、一些行业开始显现[③]。就造纸工业而言，1925年，嘉兴禾丰造纸厂、杭州武林造纸厂都出现了“废水风潮”[④]。面对造纸污水问题，一些专业技术人员开始思考处理污水的对策。1926年，造纸专家给出了“过滤法”[⑤]，农业专家钱树霖则在试验“灌溉法”。

---

① 张连辉：《中国污水灌溉与污染防治的早期探索（1949—1972年）》，《中国经济史研究》，2014年第2期，第154页。

② 荣达坊：《近代污水清理之演进》，《科学》，1937年第2期，第114—124页。

③ 参见拙著：《水乡之渴：江南水质环境变迁与饮水改良（1840—1980）》，上海：上海交通大学出版社，2014年，第71、72、143—149页。

④ 《为河水污染如何使造纸厂停工事函苏州总商会》（1925年6月7日），苏州市档案馆，档号：I14-2-196。

⑤ 《王祉君发表对于中国造纸业意见》，《申报》，1926年4月19日，（222）431。

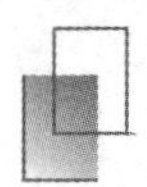

1926年，浙江省地方农事试验场化验科主任钱树霖在化验禾丰造纸厂废水水质之际，还进行了废水对水稻生长影响的试验。为考查禾丰造纸厂废水对水稻栽培究竟有无妨碍，钱树霖分别采样了禾丰造纸厂废水，受纸厂废水影响的菱荡桥、渔经桥、双溪桥河水，无废水影响的南湖水，以及杭州医药学校井水进行水稻栽培试验。因带回杭州的水样有限，试验是在器皿中小规模进行的，各选水稻种子60粒。通过观察水稻发芽生长情况，他得出如下结论：

综观以上栽培试验之结果，各灌水区之水稻均能发芽。若将其发芽程度及生育状况互相比较，则厂水与厂水冲入之河水灌溉者，与用无厂水冲入之南湖水及医校井水灌溉者相比，尚无显著之差异。依此结果，可知厂水对于苗田灌溉上，当不致发生何等之妨碍。虽本试验所经过之时日，仅有三星期，尚未能发见其对于抽穗结实上有无影响，然幼植物抵抗力薄弱，今该厂泄水既无碍于幼芽之生活，则将来稻苗长大后，抵抗力渐次增强，似应亦无妨碍，此不难由推测而知之也。

又据理学试验及化学分析之结果，已证明该厂水质，多含有机物与阿摩尼亚，颇不适于饮用。但饮料水之条件，原与灌溉水不同，且有正相反对者。例如，阿摩尼亚在饮料水中，绝对不许含有；硝酸体在饮料水中，仅许含有微量。而在灌溉水，则反须利用阿摩尼亚与硝酸体，以助植物之生长。故凡不适于饮料用之水，如不呈强碱性反应或酸性反应，不含有毒金属，则在理论上似均可用以灌溉。

今该厂水质，既不呈显著之碱性反应与酸性反应，亦不含有毒金属，故自理论上言之，似对于灌溉上，当亦无何等之妨碍。况本试验之厂中废水灌溉区，其稻苗之生育状况，并不劣于他种水灌溉区。夫厂中废水，为未经泄出之水，含杂质颇浓，尚且无碍于灌溉。则厂水至泻出河中后，已为河水所稀，浓度更小，其无碍于作物之生长，又可由推想而知矣①。

钱树霖的试验，主要看重废水中含有利于作物生长的元素，试图将废水作为肥料使用，以“变废为宝”。这种将“灌溉法”视为“利用”废水的一种手段，而非“处理”废水的方法，与西方国家的污水处理方法相比是有本质区别的。通过“灌溉法”来“利用”废水，无疑会给中国的生态环境带来巨大影响。

二、民丰造纸厂废水灌田实施过程

废水灌田，既可以解决造纸厂废水出路问题，又可以“肥田”，民丰造纸厂希望东栅农民能像华丰造纸厂附近的农民一样，利用废水灌田。然而，虽经民丰造纸厂“数月解释”，但三水湾农民仍“坚拒利用”②。为说服东栅民众，1947 年 8 月，应民丰造纸厂监督孙定阳之请，嘉兴县政府组织包括乡民代表、政府机关代表、民众团体 10 余人，去

① 钱树霖：《浙江省农场对于嘉兴禾丰造纸厂泄水之稻作试验》，《药报》，1926 年第 36 期，第 79—82 页。

② 《关于民丰纸厂泄水纠纷调处办理经过等情况》（1947 年 10 月 10 日），嘉兴市档案馆，档号：L304-005-204-006。

杭州华丰纸厂附近农村进行实地参观，确认废水灌田“确属于农田有利”，受灌溉之区称为“纸厂田”，地价较一般为高[①]。

在“民丰纸厂泄水纠纷调处座谈会”之后，1947 年 11 月，浙江省卫生处派卫生工程师周家骥，会同省立嘉兴法院院长盛光远进行实地查勘，并采水样分交浙江省卫生试验所及农业改进所化验[②]。周家骥查勘后，根据各方情形，拟具了 5 条意见：

一、拟请将查勘人所采水样送省卫生试验所化验以研究该项废水，对于农田灌溉是否有利，亦将化验结果通知嘉兴县参议会。

二、联合嘉兴县政府代表、民意机关代表、卫生机关代表、民众代表及厂方代表组织参观团，参观杭州华丰纸厂及其附近农田，所有参观费用全部由民丰纸厂负担。

三、倘化验结果该项废水对于农田有利，则拟请兴工建筑沟渠，将该项废水直接导入农田，以免污染河流。

四、在沟渠工程未完成以前，仍由民丰纸厂用船送水赴各地应用。

五、倘农民不愿利用废水，愿将田出让者，可向厂方以市价购买[③]。

---

① 《关于民丰造纸厂废水放入河内影响民众饮水及农田生产拟提出解决方案的报告》（1952 年 4 月 21 日），嘉兴市档案馆，档号：073-001-043-059。

② 《为奉行政院交办该县参议会电陈该县民丰纸厂泄放黑水请派员澈查》（1948 年 9 月 1 日），嘉兴市档案馆，档号：L304-005-204-055。

③ 榕：《“黑水”化验的结果，不堪作饮料，有益农作物》，《国民日报、嘉兴民国日报、嘉兴人报联合版》，1948 年 9 月 25 日。

周家骥的意见可以归纳为一点：化验水质，废水灌田，即主要想解决废水出路问题，希望变废为宝。化验结果认为“该厂所泄黑水对于饮料确不适宜，但对于农作物则为有利”①。

为了让化验结果更加可信，嘉兴县又在菱塘桥出水口及染店桥水闸废水出口处各取水一瓶，送浙江省农菜改推所农艺化学股进行再度检验，结果是外观上“二种水均是有淡黄色透明而有沉淀”。在细菌学检验方面：菱塘桥蓄水池，验得每公升细菌530000个，每公升有大肠菌发现；染店桥水闸废水出口处，验得每公升含细菌48000个，每公升有大肠菌发现。化学检验方面：菱塘桥蓄水池，硫化氢阴性、有害重金属阴性、亚硝酸阴性、耗氧量156磅F/M；染店桥水闸废水出口处，硫化氢阴性、有害重金属阴性、亚硝酸阴性、耗氧量140磅F/M、氨阳性。最终得出结论：“该厂二种水样中认为含有机质过多，不堪作饮水之用，但对于灌溉则有益，又有含硝酸盐亦对于灌溉有益，又二种水不含有其它不许可的成分，故为灌溉用无害。”②

这个化验结果与之前浙江省卫生试验所的检验结果一致。“科学”化验结果的支持，更加坚定了民丰造纸厂、政府通过“废水灌田”来解决纸厂废水问题的思路。1948年9月，浙江省政府主席陈仪电令嘉兴县参议会：“应特饬民

① 《为奉行政院交办该县参议会电陈该县民丰纸厂泄放黑水请派员澈查》(1948年9月1日)，嘉兴市档案馆，档号：L304-005-204-055。

② 榕：《“黑水”化验的结果，不堪作饮料，有益农作物》，《国民日报、嘉兴民国日报、嘉兴人报联合版》，1948年9月25日。

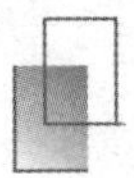

丰纸厂尅连疏筑沟渠，尽量引导黑水灌溉田亩，以重民众饮水。”①

其实，早在收到省政府电令之前，嘉兴县参议会已在落实“废水灌田”。1948 年 1 月 22 日，在嘉兴县参议会、民丰造纸厂、相关民众代表的努力下，“嘉兴县东栅、塘汇镇利用民丰厂废水灌田委员会”② 成立，并在嘉兴县参议会的会议室内举行了第一次委员会。出席人员包括嘉兴县政府指导人员技士韩廷勿、冯大任，民丰造纸厂厂长陈晓岚，民众代表王文深、周人杰、孙佐良、于大经、夏惠传等 5 人。会议首先公推东栅民众代表王文深为“东栅、塘汇镇利用民丰厂废水灌田委员会”临时主席，并由王文深主持，讨论决定以下三项内容：一是修正通过废水灌田委员会组织办法草案兼提请讨论案；二是推定王文深为主任委员，孙佐良、孙定阳为副主任，陶琢如为工务股长，财务长由孙定阳兼任，周人杰为总务股长；三是要求在 2 月底完成三水湾、南许岸、正袁圩三处测量工程，3 月 2 日召开第二次委员会会议③。

在嘉兴县参议会的推动下，1949 年 1 月 17 日，在嘉兴县政府会议室举行了“嘉兴县政府为解决利用民丰纸厂废

---

① 《为奉行政院交办该县参议会电陈该县民丰纸厂泄放黑水请派员澈查》(1948 年 9 月 1 日)，嘉兴市档案馆，档号：L304-005-204-055。

② 新修民丰厂志认为名为“利用废水灌溉委员会”，这不是全称，参见《民丰志》编纂委员会编：《民丰志（1923—1996）》，北京：中华书局，1999 年，第 264 页。

③ 《嘉兴县东栅、塘汇镇利用民丰厂废水灌田委员会第一次会议》(1948 年 1 月 22 日)，嘉兴市档案馆，档号：L304-005-204-081。

水灌溉农田问题座谈会”，与会者包括来自民丰造纸厂、民众代表、县参议会、县政府等10人。这次座谈会正式将废水灌溉农田组织委员会定名为“嘉兴县东栅、塘汇利用民丰造纸厂废水灌田委员会”，推举王文深、于大经、孙佐良、周人杰、夏惠传、张敏才、虞辑君、陶承如、张福源、孙定阳、陈晓岚为委员，并推王文深为召集人；定于1月22日举行成立大会；废水灌溉范围暂定以三水、许岸、后荒、四官各圩为限①。

1949年1月22日，“嘉兴县东栅、塘汇利用民丰造纸厂废水灌田委员会”举行成立大会，并通过了委员会组织办法：

一、为利用民丰厂造纸废水灌溉农田，特组织本委员会。

二、本会暂设委员十一人，以东栅、塘汇二镇参议员、镇长代表会主席、农会常务理事及民丰厂代表二人组成之，必要时可增聘就地人士为委员。

三、本会设主任委员一人，副主任委员二人，就委员中推任之。

四、本会分设工务、财务、总务三股，各股股长一人，由委员兼任之；各股就事实需要等约设专用人员。

五、本会委员及主任委员均为义务职，专用人员等均支薪给。

---

① 《嘉兴县政府为解决利用民丰纸厂废水灌溉农田问题座谈会记录》（1949年1月17日），嘉兴市档案馆，档号：L304-005-204-076。

六、本会办事细则另订之。

七、本办法第一次委员会议通过后施行，并呈报主管官署备案，修正时同[①]。

从废水灌田委员会组成人员可以看出，各方都比较重视，而“专用人员等均支薪给”，则进一步保证了废水灌田工作有人推进。不过，此时南京国民政府即将倒台，废水灌田工作也停滞不前。

新中国成立后，1949 年 11 月 11 日，在各界人民代表会议上，曾由代表沈公达等提案，要求利用民丰造纸厂全部废水灌溉农田，理由是杭州华丰厂废水即全部作灌溉农田之用，于农作物有肥料作用[②]。因为要开挖沟渠，最后真正实施废水灌田要到 1958 年[③]。

三、饮鸩止渴：废水灌田的后果

1949 年 1 月，“嘉兴县东栅、塘汇利用民丰造纸厂废水灌田委员会”正式成立，《民丰志》将之视为“民丰厂的第一个环保机构”[④]，这显然误解了废水灌田的实际作用。废水灌田的目的是解决废水出路问题，它虽然可以避免废水

① 《嘉兴县东栅、塘汇镇利用民丰厂废水灌田委员会组织办法》（1949 年 1 月 22 日），嘉兴市档案馆，档号：L304-005-204-080。

② 《关于民丰造纸厂废水放入河内影响民众饮水及农田生产拟提出解决方案的报告》（1952 年 4 月 21 日），嘉兴市档案馆，档号：073-001-043-059。

③ 《关于利用民丰厂废水灌溉水田全部工程费用处理意见的报告》（1958 年 7 月 1 日），嘉兴市档案馆，档号：094-001-190-042。

④ 《民丰志》编纂委员会编：《民丰志（1923—1996）》，北京：中华书局，1999 年，第 264 页。

直接入河，但没有经过处理的废水直接入田，其危害更大。出现这种情况，缘自当时国人对废水处理“灌溉法”的错误理解。

西方的废水处理“灌溉法”，是将污水“分布于特建沟渠之广田中”，其目的“不在收获而重在消化污水”，所种植物以易于繁殖、能吸收多量氮肥者为主。德国、法国、美国在施行“灌溉法”前，“皆需施以相当初步清理”①。

造纸废水中含有大量悬浮物、难以降解的化合物及有毒物质，直接灌田，无异于饮鸩止渴，后患无穷。民丰造纸厂周边农田自1958年废水灌田后，没几年就出现严重减产。例如，许安大队原系高产大队，用污水灌田，前两年增产，但从1962—1964年连续三年早稻平均亩产仅430多斤（当地一般为600多斤），变为低产大队，原因如下：

嘉兴的早稻肥源主要是绿肥。污水使表土逐渐松散，苦草子不扎根，土壤一干，绿肥枯死，死苗率达百分之三十至四十。当地晚稻肥源主要靠河泥，污水河中不生水草，没有好河泥。

其次，污水呈碱性，使土壤胶体和腐殖质分散，地力只有消耗没有积累，逐渐破坏土壤的肥力。

再次，污水对秧苗生长不利，短纤维复（覆）盖在秧苗上，成秧少，烂秧多，加以表土松散，秧栽不能扎深，浮秧多②。

---

① 荣达坊：《近代污水清理之演进》，《科学》，1937年第2期，第117、118页。

② 《民丰造纸厂污水情况及解决办法》（1965年11月19日），浙江省档案馆：档号：J101-016-226-001。

至于前面民丰造纸厂厂长陈晓岚所言，杭州华丰造纸厂附近出现田价高昂的“纸厂田”，是有特殊原因的。首先，“本年苦旱”，引废水灌田至少可以保苗救命；同时，农民注意灌溉分寸，只“引适量废水入田”①。但即使这样，农田长期用废水灌溉后，容易形成“还青倒伏”现象，也严重影响产量。1965 年，杭州华丰造纸厂附近有的公社甚至表示最好能全部改用清水灌溉，可能会比污水灌溉增产，因为污水灌溉年份太久了，有的土壤太松了，甚至插不住秧②。

以上只是废水灌溉对农作物产量的影响，工业污水中含有许多有毒物质，如果任意引来灌田，不仅会危害农作物，也会让灌区的土壤、地下水等受到污染，贻害后代③。

本章小结

抗战胜利后，民丰造纸厂恢复了生产，并在保障东栅民众饮用水方面采取积极措施，投入 1.6 亿元增设水龙头、增高水塔、改用水泵打水等，但随着薄白版纸的恢复生产，废水大增，再加上天旱，最终还是在 1947 年发生了“废水风潮”。

---

① 《关于民丰纸厂泄水纠纷调处办理经过等情况》（1947 年 10 月 10 日），嘉兴市档案馆，档号：L304-005-204-006。

② 《华丰造纸厂废水灌溉调查分析的初步小结》（1963 年 9 月 10 日），杭州市档案馆，档号：32-1-20。

③ 李玉善：《不可轻易引工业污水灌田》，《新工业》，1983 年第 9 期，第 11、12 页。

在这次“废水风潮”中，东栅民众呈控、请愿，轻车熟路，希望能够恢复“饮料清洁”。对于民众的诉求，民丰造纸厂在满足民众部分要求时，也要求地方政府能“体念建设大业”，利用浙江省卫生试验所的“科学”化验结果来为自己“背书”，劝导农民用废水灌溉农田，以解决废水出路问题，避免废水流入河道，污染饮用水源。虽然由于时局影响及经济原因，民国时期民丰造纸厂的“废水灌田”计划没能实现，但却成为1960年前后解决废水出路的主要方法。

与抗战前不同，新闻媒体对这一阶段的“废水风潮”几乎集体失声。特别是主流媒体《申报》，对此次“废水风潮”竟然没有报道，要知道在20世纪20年代是跟踪式报道的。新闻媒体态度转变的主要原因，应该是自1936年制造卷烟纸成功后，民丰造纸厂已成为“实业救国”的典型、民族工业的代表，媒体在报道时不得不有所顾虑。当然，这种转变也与民丰造纸厂复杂的政商关系，以及对新闻媒体的笼络有关。

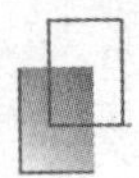

第六章　民国时期江南地区其他行业废水污染及社会应对

“一战”期间，由于列强忙于战争，这给中国近代工业发展带来难得的历史契机，尤其是轻工业发展更为迅速，被称为中国民族资本主义工业发展的“黄金时代”[①]。以苏南地区为例，近代工业得到了长足的进步，染织厂、造纸厂、制革厂、电厂等一批企业纷纷设立。

近代工业发展的同时，也给生态环境带来了影响和变化。工业生产中排放出大量未经处理的水、气、渣等有害废物，严重破坏生态平衡。虽然当时也有一些努力和举措，但收效甚微[②]。现对除造纸业以外的其他行业发展过程中造成的环境污染，以及相关的社会应对展开简要论述。

① 范西成、陆保珍：《中国近代工业发展史（1840—1927 年）》，西安：陕西人民出版社，1991 年，第 202 页。

② 胡孔发：《民国时期苏南工业发展与生态环境变迁研究》，南京：南京农业大学博士学位论文，2010 年，第 2、61 页。

第一节　染织业废水污染及社会应对

一、染织业生产工艺与废水污染

中国古代劳动人民就开始利用矿物和植物对纺织品进行染色，如红丹（氮化铅）、石青（五水合硫酸铜）、石绿（碱式碳酸铜）、蓝草、茜草、紫草等，而染色不可避免地会产生废水，造成水体的污染。众所周知的《苏州府永禁虎丘开设染坊污染河道碑》记载，乾隆二年（1737），苏州虎丘附近染坊废水造成“满河青红黑紫”，引起禾苗受损、饮水受影响，因此虎丘附近禁开染坊。

虽然染坊废水会造成水质污染，但这里显然把虎丘附近染坊的污染夸大了。上述“永禁碑”之所以提出迁移虎丘附近染坊，根本原因不是污染问题，而是“虎丘为天下名山”，康熙六次南巡的行宫在此，还有“御书龙匾，遍供于中”①，因此必须要保证周边环境的整洁。

整体来说，传统时期染坊对水环境的影响非常有限，染坊废水造成水体严重污染的记载在近代以前并不多见。

近代西方化学工业的发展，改变了染织业。从 19 世纪

① 《苏州府永禁虎丘开设染坊污染河道碑》，江苏省博物馆编：《江苏省明清以来碑刻资料选集》，北京：生活·读书·新知三联书店，1959 年，第 60、61 页；苏州博物馆、江苏师范学院历史系、南京大学明清史研究室合编：《明清苏州工商业碑刻集》，南京：江苏人民出版社，1982 年，第 71—73 页；按：感谢黄国信先生的指点。

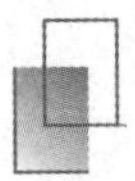

80年代到20世纪初，合成染料获得了迅速发展，并以其物美价廉，很快取代了天然染料[①]。在1887年前后，合成靛蓝传入中国，随之硫化染料、直接染料、盐基染料、酸性染料、还原染料、冰染染料等也相继进入国内。由于合成染料染色效果更好，其很快被国人接受，这对原有植物性染料市场打击严重[②]。

民国时期的染织厂按所用机器分为新旧两种，如染坊、漂房、印花房等属旧式染织厂，使用天然染料或蓝靛，亦用元宝石或石灰。自土布业衰退后，旧式染坊多被淘汰。为了在竞争中有所发展，一些旧式染坊开始采用新式技术，使用药物漂染，当时多采用人造靛青、安尼林染料、硫化青（即硫化蓝）等。而硫化染料因价格低廉，用法简单，颜色不易退，“在染织厂中最受欢迎”[③]。

合成染料及其他化学药品的广泛使用，使染织业对水环境的影响显著增强。染织业有多道工序，需要使用大量的水、煤，同时排出大量含有氮、磷、二氧化硫等的污染物，严重破坏环境。染织行业中所采用的原辅料、化学试剂及技术差别较大，但基本工序十分相似。典型的染织过程一共有8个步骤：退浆、精练、漂白、丝光、染色、整理、干燥及成品。染织业加工过程中使用的染料、化学药

① 陈歆文：《中国近代化学工业史（1860—1949）》，北京：化学工业出版社，2006年，第191、192页。

② 曹振宇：《中国染料工业史》，北京：中国轻工业出版社，2009年，第37、38页。

③ 胡孔发：《民国时期苏南工业发展与生态环境变迁研究》，南京：南京农业大学博士学位论文，2010年，第63页。

剂（如氧化剂、碱、酸、还原剂、盐类等）、多种助剂（如扩散剂、助溶剂、渗透剂、浮化剂等）、洗涤（助）剂等残液，进入废水后，成为主要的污染源①。

故而，染织废水具有水量大、有机污染物含量高、色度深、碱性大、水质变化大等特点，属于难处理的工业废水，会对水环境产生重大影响。1946 年，无锡城内大娄巷 13 号陈文奇等联名呈报，4 年前巷内沈祥生开设染坊，经营颇称发达，唯其所用颜料内有化学作用，并用一种烈性硫化钙，含有毒素。该坊工人每于绸布染好后，即将残余之颜色水，随地倾倒，流入土中，播散四溢，“致附近各居户之井水突变，臭气薰蒸”，“取之洗衣，即被染色，用以烧茶，变为黑色”，因而附近居民年来“患胃肠炎、肾脏炎者，比比皆是”②。

二、染织业污染管理：迁出城外，管理排污

江南是中国丝织业、纺织业中心，染坊众多，加之民国时期江南造纸业兴起，这两个行业都会产生大量污水。但是，当时缺乏有效的污水处理方法，污水肆意排放，严重污染城内河道，引起当地居民强烈不满，要求政府加以管理。在染坊管理上，浙江表现尤为突出，这与当时一位重要人物朱家骅有密切关系。朱家骅系浙江湖州人，早年

① 胡孔发：《民国时期苏南工业发展与生态环境变迁研究》，南京：南京农业大学博士学位论文，2010 年，第 64、65 页。

② 《首都卫戍司令部无锡指挥所代电》（1946 年 11 月 6 日），无锡市档案馆，档号：ML1－1－120～124。

留学德国、美国，系民国教育界、学术界、政界风云人物，可谓中国现代化先驱。1927年，朱家骅就任浙江省政府民政厅厅长，对饮用水管理与改良尤为重视，除了创办杭州自来水厂，对染坊也进行严格管理。

当时城市工业废水的排放缺乏相关法律法规管理，但朱家骅认为："染坊与制革厂，往往污秽河道，传播菌类，为公共卫生之障碍。"于是上任伊始，毅然下令"限期迁移各城镇区域内有妨公共卫生之染坊与制革厂"[①]。为推动新政实施，朱家骅特委派专员，分赴浙江各地，督促办理。

1928年，杭州市政府已令将"染坊及制革场迁移城外"[②]；不过，迁移似乎并不彻底，杭州下城市民夏善庚等呈报，东河一带染坊及炼坊"不下数十家"，以致"河水污秽，有碍饮料"。为此，朱家骅特训令杭州市市长周象贤查实办理[③]。

桐乡城内染坊在1928年冬已完成了迁移，第二年，嘉兴新政指导员褚保华在报告中称，"该县城内确无制革及染坊之设立"，只是"东门城外附近设有染坊二家"。褚保华认为，这两家染坊与城内街市之距离过近，且河流相通，有碍市内饮料之洁净，"应迁移至较远之乡村"。随后，民

---

① 浙江省民政厅编：《浙江民政年刊》之《行政概况》，1929年，第466页。

② 浙江省民政厅编：《浙江民政年刊》之《行政概况》，1929年，第22页。

③ 浙江省民政厅训令第23853号：《令知据公民夏善庚等呈请迁移东河一带各炼染坊等情仰迅饬属查明饬迁具报由》（1929年12月3日），《浙江民政月刊》，第1卷第26期，《公牍·卫生及禁烟》，1930年，第256页。

政厅训令要求桐乡县县长查实并报告①。

1928 年，在接到浙江省政府民政厅将染坊迁移城外的训令后，平湖县长即奉令办理，饬警员所将城内各染坊一律勒迁至城外旷野染洗，禁止在市河内漂洗。不过，城内染坊并未完全迁移，第二年五月，据报城内西一大染坊仍有暗就市河进行漂洗色布、倾弃废水的行为。后经严饬公安局查处，勒令迁移。平湖城内染坊这才全部迁出城外②。

浙江这次将染坊迁城外的行动比较有力。当时有一些染坊与制革厂“请求展期迁移”，还有一些则以“拟设缸池洗濯，不再落河，或造掘窨池，将洗水并染剩渣滓雇工挑往城外旷地倾倒”，“希图免迁”，都被“令催遵办”③。

海宁县前县长徐兆荪还因为没及时汇报迁移之事而受到行政处罚。1928 年在接到民政厅迁移城内染坊命令后，卫生警察曾下令“染坊迁移荒野，免污饮水，以保康健”。也许是因为海宁境内人烟不密，“饮料尚称清洁”，县长徐兆荪在民政厅反复催报下，“时几及一载”，没有呈报。为此，1929 年，民政厅下令按照县长奖惩条例第八条第三款、

① 浙江省政府民政厅训令第 17969 号：《令查城外染坊二家有无妨碍饮料情形由》（1929 年 9 月 23 日），《浙江民政月刊》，第 1 卷第 23 期，《公牍 · 卫生》，1929 年，第 208、209 页。

② 浙江省政府民政厅指令第 12502 号：《令平湖县县长方立呈一件为呈报办理公共卫生事项经过情形祈鉴核由》（1929 年 7 月 11 日），《浙江民政月刊》，第 1 卷第 21 期，《公牍 · 卫生》，1929 年，第 152—154 页。

③ 浙江省政府民政厅指令第 14350 号：《饬属速将各染坊革场勒令迁移至城外河面宽阔之处勿得姑息仍将遵办情形报核》（1929 年 7 月 20 日），《浙江民政月刊》，第 1 卷第 22 期，《公牍 · 卫生》，1929 年，第 165 页。

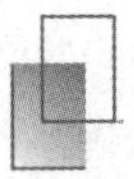

第十一款之规定，将前县长徐兆荪“追予记过一次”[①]。

1929 年 7 月 20 日，朱家骅再次电令各地“克速严限迁移，倘再故违，即照原令处办，勿稍姑息”[②]。不过，在实际执行中还是有一定的回旋空间，一些“确实无碍饮料卫生者，亦得呈请免迁，以示区别”[③]。

海盐天成丝厂将缫丝浊水任意排泄市河，由于当时尚无取缔之法律法规，于是 1929 年，海盐县长将此事呈报省民政厅。民政厅认为，天成丝厂之排水“不论其是否含有毒质，任意排入市河，究于市民卫生上极不相宜”，因此要求海盐县政府责令天成丝厂“筑一简单滤池，先将排水滤过后明净无味为准”，然后放入河内[④]。这意味着天成丝厂不用迁移，只是要对废水进行一定的处理。

民国时期，在江苏、上海等地，因染坊污染饮用水而引起当地居民强烈不满的事件也很常见。居民纷纷要求政府加以禁止，甚至取缔。

1922 年，在常熟海虞，时疫流行，究其病源，“大多由于饮料不洁”，为此，九里市民公社提出禁止染坊布厂将恶

---

① 浙江省政府民政厅训令第 13818 号：《前县长徐兆荪未将办理染坊迁移情形专案具报应追记过一次》（1929 年 7 月 30 日），《浙江民政月刊》，第 1 卷第 22 期，《公牍·卫生》，1929 年，第 167 页。

② 浙江省政府民政厅指令第 14350 号：《饬属速将各染坊革场勒令迁移至城外河面宽阔之处勿得姑息仍将遵办情形报核》（1929 年 7 月 20 日），《浙江民政月刊》，第 1 卷第 22 期，《公牍·卫生》，1929 年，第 165 页。

③ 屈起：《本厅十八年份行政概况》，《浙江民政旬刊》，1930 年第 11 期，第 49 页。

④ 浙江省民政厅训令第 23962 号：《令仰饬属责令天成丝厂迅即建筑水池以重卫生并将遵办情形报核由》（1929 年 12 月 4 日），《浙江民政月刊》，第 1 卷第 26 期，《公牍·卫生及禁烟》，1930 年，第 256 页。

水放泻市河，称："各染坊店及各布厂家，将染布之洋红靛水，任意放泻河内，以至河水污秽，臭气冲鼻，实属妨碍饮料。盖市河为市民饮料日用所需之所，附近居民因之疾病，啧有烦言，且化验洋红靛水含有矿质毒体，饮水则难免中毒。各染坊不顾卫生，为害实非浅鲜，应设法禁止。"①

当年9月3日，常熟海虞市民公社联合会第二届常会通过决议："函请警所令知各染坊布厂雇船出城放泻。"②

1925年，上海第四区市民潘必当等呈报，"丝头厂、染坊污秽水源"，请求"设法取缔"。官员立即传知该丝头厂、染坊，设法维持卫生。该厂却辩称"肥水不碍卫生"，这让官方非常恼火，为此第四区署长宁凯臣贴出布告："示仰丝头厂、染坊等一体知悉，嗣后该厂坊污水，一概不准混入河流，妨碍居民卫生，倘敢故违，定予从严罚办。"③

1928年，苏州市政府警察局颁布了《取缔漂染工场办法》，该《办法》第二条规定，"漂染料之渣滓、色水等须自设阴井消纳或运往郊外无碍卫生之处弃置，不得倾入河内"；第三条规定，"漂染品及漂染所用器物，须携至城外宽阔的下流河港内洗涜，不得在城内漂洗"④。吴县县政府

① 《常熟日日报载海虞市民公社联合会第二届常会关于禁止染坊布厂将恶水放泻市河的议案和决议》（1922年9月2日），苏州市档案局编：《苏州市民公社档案资料选编》，内部资料，1986年，第311、312页。

② 《常熟日日报载海虞市民公社联合会第二届常会关于禁止染坊布厂将恶水放泻市河的议案和决议》（1922年9月2日），苏州市档案局编：《苏州市民公社档案资料选编》，内部资料，1986年，第312页。

③ 《禁止染坊污秽水源之布告》，《申报》，1925年5月3日，（212）60。

④ 瞿慰祖主编：《苏州河道志》，长春：吉林人民出版社，2007年，第322页。

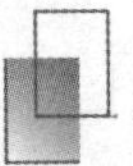

令公安局转饬各分局所，“禁止各工厂任意排泄污水，致碍饮料”①。

民国时期，无锡“工业发达”，丝厂、染织厂等“日见增加”，其放出之浊流，注入河内，混入饮料中，供市民之汲饮，“殊堪忧虑”。为此，1930 年，无锡工务科设立专条限制：

工厂之浊流，凡含有毒质、色素、臭气，及附有传染病微菌之水流，如工厂中之用剩水流，医院中之物件等，均不能倾弃河中，以免传染，而碍卫生，如有类此情事者，责令迁往河流下流，方准营业②。

第二节　其他行业废水污染及社会应对

一、制革业

制革工业是中国的传统工业。民国时期，制革过程一般由28～32个化工单元操作构成，主要分为准备、鞣制（生皮转变成革的化学反应过程）和整饰三个工段，其中前两个工段是制革的主要污染来源。准备工段的主要目的是尽量除去表皮、毛、油脂、水溶性蛋白质等非胶原成分，并使胶原纤维适当分散。每加工 1 吨原料皮，需耗水 40～

① 黄蕴深：《吴县县政概况》，《江苏旬刊》，第 49 期，1930 年，第 34 页。

② 工务科：《整理河道计划》，《无锡市政》，1930 年第 4 期，第 52、53 页。

45吨、化工原料340~360公斤。这些化工原料不与皮胶原结合，全部随废水排放，构成了制革业总污染的70%~80%。鞣制工段是通过化学交联提高皮胶原纤维的热稳定性，虽然该工段中使用的多数化工原料（拷胶或铬鞣剂等）与皮胶原具有反应活性，但化学反应平衡原理决定了30%~35%的化工原料会残留在废水中，约占制革业总污染的20%。因此，制革过程必然会排放大量高污染废水。据统计，1936年中国有皮革厂114家，其中江苏31家。由于废水、废弃物缺少有效处理，不可避免地产生了水土污染[①]。

1923年，上海淞沪铁路天通庵与江湾车站之间的嘁士制革厂，傍江湾河而立，“凡厂中秽水，皆泄于河中”。江湾沿河居民，因河水污秽“饮之有害”，诉请地方政府。经官方派人当场取河水4瓶，请同济大学化验师巴尔德检验，结果谓此水“实有毒质，不能为饮料”：

第一瓶水，系该制革厂泄水管口之河水，此水受染着色甚浓，臭恶如粪，瓶底渣滓极厚，皆由有机性物质所成，故尤臭不可闻，水之化学反应为微酸性，加入过氯化铁，呈墨绿色，是为内含鞣酸之证；此外并验出内含石炭酸，斯卡托及印岛尔，以及其他由腐败物中发生相类之毒质；此水又饱含有毒气体硫化水素。第二瓶及第三瓶水，系取之泄水管附近及该厂院内阴井倾倒洗皮水处，此水呈鞣酸及反应所含腐败物质，比第一瓶所含者略少，此因泄出之

① 胡孔发：《民国时期苏南工业发展与生态环境变迁研究》，南京：南京农业大学博士学位论文，2010年，第67、68页。

水为河水冲淡，至其阴井中所含兽皮兽肉之残余，又皆尚未腐化至极度之故，惟此两瓶水皆有硫化水素毒气溶于其中。第四瓶水，系取之厂旁较远之河中央，此水含有有机物质之渣滓甚富，呈极强酸性反应，此因鞣皮质料，经河水冲淡后，其皮肉残滓之腐化，较在泄水管口者为远，因此腐化之结果，发出有机性酸甚多，尤以酪酸为最甚。由查验之结果，证明此河之水，因受该厂泄水之污，全不可为饮料，虽在河流极远之处，仍蒙其害，此水不独生饮不宜，即煎沸食之，亦依然有害康健云①。

1953 年，苏州市卫生防疫站曾对苏州市区的工业废水污染源进行了调查：苏州市制革厂共 106 家，其中 105 家分布在西区（37 家）和北区（68 家）。皮革生产过程中的烂皮、染料、洗皮三种废水大部分倾倒平地，以自然渗透法来处理，也有少数废水流入河道，废水中存有动物脂肪与固体物，腐败时产生大量臭气，水质变黑，严重“伤害了居民的饮料”，群众反映很大②。

二、其他行业

工业生产一定会产生废水，除了上文论述的造纸业、染织业、制革业的废水污染外，胡孔发在其研究中还对民

① 《江湾河水检验证书》，《申报》，1923 年 9 月 29 日，（195）616。

② 《江苏省苏州市卫生防疫站 1953 年工矿卫生工作总结报告》（1953 年），苏州市档案馆，档号：C36-1-9，第 29 页。

国时期苏南地区发电厂、制瓷业的废水污染状况进行了简要概述[①]，但其只是根据现代工业产生废水情况进行论述，缺少当时的史料支撑。

在谈到民国时期中国工业废水污染问题时，上海的工业废水污染不能回避，因为自1843年开埠以后，上海逐渐“跃居全国工业中心地位”[②]。

1920年前后，苏州河上游（今普陀区一带）轻纺工业发展迅速，造成苏州河水质逐步恶化，不堪饮用。1926年，金诗伯来到上海，看到的苏州河是条“肮脏的小河”，除了“苍蝇哄哄”，最讨人嫌的莫过于“苏州河的恶臭”[③]。金诗伯并非言过其实，当时苏州河曹家渡段已“长此发黑”[④]。闸北自来水公司也因苏州河水源污染，于1928年在杨浦军工路另建新水厂，取黄浦江为水源[⑤]。

到了20世纪20年代末，苏州河的污染带已上溯到真如，周围居民深受其害。据真如区市委员洪兰祥等呈称：“本镇民众饮料咸取给于河流，自吴淞江两旁各厂家开设以来，所有秽水每乘潮来时放出，致由潭子江流入梨园浜，水黑如墨，而腥秽之气中人叹呕，感受痛苦，难以言谕，

① 胡孔发：《民国时期苏南工业发展与生态环境变迁研究》，南京：南京农业大学博士学位论文，2010年，第61—69页。

② 徐新吾、黄汉民主编：《上海近代工业史》，上海：上海社会科学院出版社，1998年，“序”第1页。

③ ［俄］金诗伯：《我在中国的六十年》，北京：中国青年出版社，1991年，第34页。

④ 《函请水利会取缔秽水》，《申报》，1926年6月14日，（224）333。

⑤ 上海公用事业志编纂委员会编：《上海公用事业志》，上海：上海社会科学院出版社，2000年，第158页。

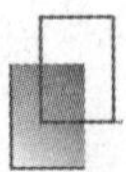

虽多量明矾澄之使清，然恶臭难开，仍属不堪下饮，非将饮料改良，则疫疠之为害，恐不旋踵而酿成。”①

1928 年，在上海特别市真如区的调查中亦称，真如干支各河，“经由吴淞江流入者，水质污秽，于饮料有碍”②。

至 20 世纪 30 年代，苏州河与黄浦江的水流有一条明显的界限：一种是“好像沉着什么污淀的黝黑色”，一种是“含有沙质的深黄色”，俨然“彼此不相侵犯”③。在日本人眼中，苏州河也变成“一个令人不可思议的地方”，是“一个充满泥水的大沟渠”④。

到了 40 年代中叶，苏州河水质甚为污浊，形同死水。据上海市公用局 1946 年的调查，“苏州河之水质几与北洋泾西区污水处理厂所流出之污水相仿，前者 BOD（生化需氧量）为 13 至 28，后者 BOD 为 20 至 50，至夏日则二者相距更近”⑤，以至当时“鱼类不能生存”⑥。而差不多 80 多年前，日本人日比野辉宽还吃到了苏州河的鳗鱼⑦；鳗鱼是世界上最纯净的水中生物之一，对水质要求极高，由此可

---

① 《上海市公用局关于真如区请凿自流井》（1929 年 7 月 4 日），上海市档案馆，档号：Q5-3-2403。

② 洪兰祥等编：《上海特别市真如区调查统计报告表册》，上海：上海社会科学院出版社，2004 年，第 3 页。

③ 俞人英：《水的界限》，《申报》，1932 年 9 月 10 日，（296）274。

④ ［日］石滨知行著：《上海》，东京：三省堂，昭和十六年（1940），第 106 页。

⑤ 《上海市公用局调查水井及取缔土井案》（1946 年 3 月 8 日），上海市档案馆，档号：Q5-3-4916。

⑥ 《苏州河水质恶劣》，《申报》，1946 年 2 月 10 日，（388）220。

⑦ ［日］日比野辉宽：《赘肬录》，《幕末明治中国见闻录集成》卷 1，东京：ゆまに书房，1997 年，第 90 页。

见苏州河受污染之重。

民国时期的工厂大多沿河而设，除了苏州河，上海其他一些主要河流也同样受到工业废水的污染，如蒲肇河。1929 年，蒲肇河上游工厂，将污水放出，以致“河水秽浊，臭味熏蒸”，沿河居民“饮水污秽”①。蒲肇河徐家汇以东为肇嘉浜，以西为蒲汇塘，蒲汇塘下游日晖江口，“工厂林立，泄放臭水，以致潮涨之时，水色如墨，秽气蒸人”②。1946 年，浦东洋泾沿黄浦江一带，厂栈林立“污水盈盈”，居民饮用未经消毒之河水、井水，每至夏秋，“胃肠病十分猖獗”③。

本章小结

综上所述，民国时期随着近代工业的发展，在一些行业和一些地区产生了大量的工业废水。由于整个社会缺少环境保护意识，污水直接排放，造成了一定范围内的水环境污染，特别是饮用水源污染，从而引发了地方居民的不满。官方在处理废水污染纠纷之时，最多也只是下令迁移污染工厂，或要求保证饮用水清洁。在这种工业发展思路下，中国一些地区水环境的恶化不可避免。

① 《函询疏浚蒲肇河消息》，《申报》，1929 年 11 月 23 日，264（630）。
② 《蒲淞区公民请浚蒲汇塘》，《申报》，1929 年 7 月 15 日，260（424）。
③ 《改善洋泾区卫生》，《申报》，1946 年 8 月 19 日，389（835）。

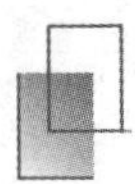

结论　救国与救民：民国时期工业废水污染及社会应对

通过前面第二至第五章的分析，笔者整理出民国时期嘉兴禾（民）丰造纸厂“废水风潮”的基本过程（见表2）。从中可以看出，为保护饮用水源，东栅民众积极行动，与厂方、官方进行了持续的斗争。

表2　民国嘉兴禾（民）丰造纸厂“废水风潮”简表

时　间	起　因	要求与措施			出　处
		民　众	厂　方	政　府	
1923	拟建厂	反　对	另谋他处		杨鑫海
1923. 5—1924. 1	拟建厂	反　对	争执多时	省派专员查勘	（199）433
1925. 7—1925. 11. 18	生产排泄毒水	呈　控			（218）434
1925. 11. 19		请　愿		派人化验水质	
1925. 11. 20				令多设蓄水池	（222）244
1926. 4. 9	鱼虾浮余水面	罢　市		查勘、汲水化验	（222）244
1926. 4. 10		电呈省长		劝导开市	

（续表）

时间	起因	要求与措施			出处
		民众	厂方	政府	
1926.4.25	厂称黑水无毒	请人化验污水			《药报》
1926.4.28		化验污水		化验污水	（222）670
1926.5.5	饮水污染			议员提议迁移	（223）104
1926.5.7			股东责令整顿		（223）175
1926.5.12、13	泻水风潮，扰攘半年，无法解决			县署召集调解	（223）324
1926.5.14			停工，滤水塔		（223）324
1926.5.17				公布化验结果	《科学》
1926.5.18			复工		（223）324
1926.5			拟建循环机		（223）678
1926.5.28	水流污浊，不能充作饮料，水塔等仍未兴工	罢市筑坝	运湖水至东栅	劝导，协调	（223）700
1926.5.29		筑坝成功			
1926.5.2—1926.6.2				电省请示	（224）56
1926.6.5				省委派人调查	（224）156
1926.6.6		拆除坝基	停工		
1926.6.17				废水外运	
1926.6.20			复工，污水外运		（224）498

（续表）

时　间	起　因	要求与措施			出　处
		民　众	厂　方	政　府	
1926. 6. 21	废水外运			问责，令厂停工	（224）544
1926. 6. 22			停　工		
1926. 6. 23			复　工		（224）568
1926	饮水污染	呈控迁移		实业厅驳回	（224）618
1926. 7. 2、3、4	污水问题		《申报》公告：废水不入河		（225）25、48、76
1926. 7. 29	厂方公告	《申报》泣告			（225）703
1926. 9. 1	鳗鱼忽毙	聚集抗议	发生冲突	调查被毁情形	（227）62
1928	饮水污染		声称不泻污水		（250）163
1928. 7. 19	厂方失言	请　愿		县派员调查	（248）610
1928. 9. 4	饮水污染	严词诘质		成立事务所	（250）163
1928. 12	饮水污染	呈控求停工		省民政厅驳回	《浙江省政府公报》
1929. 1	饮水污染	呈请停工		劝导、呈请上级	（254）348
1929. 3. 31	鱼虾浮毙	请愿、泣告书		召开联席会议	（257）119
1929. 4. 14	污水问题			电省请示	（257）403
1929. 6. 26				民政厅令改良	（259）753

（续表）

时间	起因	要求与措施			出处
		民众	厂方	政府	
1934.6.3	泄放污水，不能取汲饮料	罢市		软禁3人	（317）144
1934.6.4		罢市	无完善方法	继续软禁3人	
1934.6.5		罢市		具结保出3人	（317）264
1934.6.6		部分开市			（317）264
1934.6.8		完全开市			（317）264
1947.4	供水不足	改善供水	增加供水	令增加供水	嘉兴市档案馆，档号：L304-005-204，L304-002-166，073-001-043-059
1947.7	饮水污染	请愿	暂停放泄废水	召集双方调处	
1947.9.24	饮水污染	请愿		安抚、调处	
1947.9.26				召开座谈会	
1947.9.27				会同取水化验	
1947.10.10			久旱造成污染		
1947.12.27	饮水污染	上书县政府			
1948.9	废水灌田			公布化验报告	
1949.1				成立委员会	

说明：（1）资料出处：《申报》影印版；具体出处详见参考文献。（2）时间若不具体到天，系据相关资料推定。

总结民国时期嘉兴禾（民）丰造纸厂“废水风潮”以及民国时期江南地区其他行业废水污染问题，我们可以得出以下结论：

一、“工业废水”不被视为“环境”问题

“工业废水”问题在民国是新鲜事物。对于“工业废水”对自然环境的危害，无论厂方、官方，还是民众都缺少必要的认知。“废水”问题在当时并不被视为“环境”问题，人们没有意识到废水对自然生态环境的危害，只是因为造成了饮用水污染，而被视为“卫生”问题、“民生”问题。也就是说，如果禾（民）丰造纸厂废水没有影响周边民众的饮用水源，肯定不会出现持续不断的“废水风潮”。在整个“废水风潮”中，无论是东栅民众，还是官方、禾（民）丰造纸厂都没有从“自然环境”或“环境保护”的角度来谈“废水”问题。东栅民众唯一的要求是“饮料清洁”，官方也没有从“环境”角度处罚造纸厂，禾（民）丰造纸厂关注的是废水出路问题，也并非是从源头上治理污染。

故而在“废水风潮”中，一旦厂方能够解决民众的饮用水问题，风波自然停息。这在1934年和1947年的“废水风潮”中表现得很明显，东栅民众是在利用“天旱”进一步向厂方要挟，要求更广范围、更大限度、更好地改善东栅镇供水问题。因为他们尝到了甜头，正如东栅下塘民众所言：“老早白吃水，还有得领揿水费。”①

① 薛家煜：《一河清水起风波》，收入薛家煜：《寻找东栅》，上海：上海辞书出版社，2009年，第50页。

面对民众的诉求，厂方是十分清楚的。对于东栅居民的自流井供水问题，民丰造纸厂“力求改善”。虽然认为东栅民众的要求有些过头，但为“息事起见”，民丰造纸厂还是“不惜曲从投其好”①。通过解决民众饮用水问题，并给予受影响的渔民、农民一定的经济补偿，民丰造纸厂便可合理地排放废水。这种措施延至新中国成立后，成为民丰造纸厂解决废水纠纷的主要手段（见表3）。

表3　民丰造纸厂支付打井、送水、开渠、渔业补偿和渔民上岸转业等费用统计表（1949—1996年）

年　份	项　目	金额（万元）
1949—1954	解决民众和农民生活用水	108（旧币），折合新币0.0108
1954	解决两个大队造20口井	1
1955—1956	用船驳水补贴	1.5
1957	建造灌溉渠道	8.1
1961—1965	补偿农、渔业损失及措施费用	22.5335
1966	东栅镇54户渔民上岸	2.3
1973	补偿渔业损失	8
1978	补偿渔业损失	17.5
1980—1981	补偿渔业损失	16.5
1985—1993	补偿渔业损失	14.3

① 《关于民丰纸厂泄水纠纷调处办理经过等情况》（1947年10月10日），嘉兴市档案馆，档号：L304-005-204-006。

（续表）

年　份	项　目	金额（万元）
1996	补偿渔业损失	1.5
合计		93.2443

注：(1) 资料来源：《民丰志》编纂委员会编：《民丰志（1923—1996)》，北京：中华书局，1999 年，第 267 页；(2) 合计项，原书不明 1954 年币制改革，将 108 万元直接相加。

在这种情况下，厂方、官方、民众对于工业废水治理的态度是一致的：只要不影响饮用水源，或者解决受影响民众饮用水问题，可任其排放到自然河流。1926 年，出现将禾丰造纸厂废水送往松江佘来庙倾泻的想法也就不奇怪了。

而在国家法律层面上，民国时期对企业治理污染没有明确的法律规定，没有上升到法律层面的高度，更多的是对重污染企业提出建议①。拙著《水乡之渴》曾对民国时期工业污染源的治理进行过一定的分析：官方或令迁出城外，或令不准污染饮用水源②。这表明国民政府对工业污染的治理缺少顶层设计。

由于缺少有效的治理，废水直排入河，长期这样做的后果是造成了水环境系统的彻底崩溃。20 世纪 80 年代，平湖塘是嘉兴污染范围最广、程度最严重的地段；特别是 5—

① 胡孔发：《民国时期苏南工业发展与生态环境变迁研究》，南京：南京农业大学博士学位论文，2010 年，第 84 页。

② 梁志平：《水乡之渴：江南水质环境变迁与饮水改良（1840—1980)》，上海：上海交通大学出版社，2014 年，第 143—148 页。

6月和9—10月的枯水期，一片黑水，臭气难闻，尤以市区到东栅一带的400多亩水面更为严重[①]。嘉兴东栅自然水域“鱼虾绝迹”，1993年，东栅水产队解体[②]。

当然，此时平湖塘污染源远不止民丰造纸厂，据1977年的调查：“我地区内河已受到不同程度的污染，尤以嘉兴县东栅河段，两岸工厂较多，含有毒有害废水直放水体，造成水质恶化。”[③]

同时，由于“工业废水”在民国时期还是新鲜事物，从整体而言，科技界对它还缺乏科学的认识。胡孔发认为，民国时期人们已经认识到治理污水要分析污染源中的有害物质，但苦于技术落后，没有科技手段对污染源进行科学的分析[④]。虽然不排除部分科研、卫生人员能明白其中的道理，但对大部分科研人员和群众来说，他们还是缺少科学认识，这在造纸业“废水灌田”的问题上表现得非常明显。

科研人员看到了造纸废水中含有和肥料相同的化学物质，却对其中的有害成分缺乏认识，便想物尽其用，通过“科学”化验为“废水灌田”进行“背书”，企图在解决废水出路问题的同时又变废为宝，一举两得，两全其美。对此，造纸业当然是大力支持的。因而，禾（民）丰造纸厂

① 浙江省嘉兴市农业区划办公室编：《嘉兴市农业资源与综合区划》，杭州：浙江人民出版社，1987年，第49页。

② 薛家煜编撰：《图说东栅》，嘉兴：吴越电子音像出版社，2016年，第68页。

③ 《嘉兴地区内河水质污染调查总结（1974—1977）》，海盐县档案馆，档号：92-1-236。

④ 胡孔发：《民国时期苏南工业发展与生态环境变迁研究》，南京：南京农业大学博士学位论文，2010年，第84页。

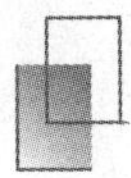

在造纸废水的治理上，除了加装简单过滤设备之外，一直在为废水找出路，大力提倡“废水灌田”，缺少在源头上治理废水的动力。

然而，这是对西方“灌溉法”的错误理解。西方的废水处理“灌溉法”，是将污水“分布于特建沟渠之广田中”，其目的“不在收获而重在消化污水”，所种植物以易于繁殖、能吸收多量氮肥者为主。德国、法国、美国在施行“灌溉法”前，“皆需施以相当初步清理”[1]。没经处理的废水直接入田，其危害更大。新中国成立后，20 世纪 50—70 年代“废水灌田”曾大行其道，其后果是“污灌污染是当时农业污染的主要表现形式之一”[2]。

综上所述，民国时期，“工业废水”不被视为“环境”问题，几乎没有得到治理。当然，这不是中国特有的，而是当时世界工业发展过程中的普遍状况：没有认识到或者无视自然的生态价值，工业废水缺乏有效处理就排入河道。环境保护在近代以来很长一段时间里并不是一个存在于社会意识和科学讨论中的概念。发达国家也曾发生了一系列环境公害事件，例如：美国洛杉矶光化学烟雾事件（1952—1955 年）、英国伦敦烟雾事件（1952 年）、日本水俣病事件（1956 年），等等。一直到 1962 年，美国海洋生物学家蕾切尔·卡逊（Rachel Carson）出版《寂静的

---

① 荣达坊：《近代污水清理之演进》，《科学》，1937 年第 2 期，第 117、118 页。

② 张连辉：《中国污水灌溉与污染防治的早期探索（1949—1972 年）》，《中国经济史研究》，2014 年第 2 期，第 165 页。

春天》一书[①]，才使现代环境保护观念逐渐在发达国家建立起来。

二、实业救国：对待工业废水的社会背景

民国时期，在嘉兴禾（民）丰造纸厂“废水风潮”的发生发展过程中，新闻媒体，特别是《申报》发挥了强大的舆论引导作用。自禾丰造纸厂准备筹设之消息传开，《申报》就进行了持续报道，不过这些报道是从中国实业发展的角度出发的。当“废水风潮”发生后，《申报》一直追踪事件的进展（见表4）。

表4　《申报》对禾（民）造纸厂“废水风潮”的报道

时　间	标　题	出　处
1924年1月21日	禾丰纸厂已准备案	（199）433
1925年11月22日	王检察调查纸厂控案	（218）434
1926年4月11日	东栅镇商号罢市原因	（222）244
1926年4月30日	化验纸厂泻水情形日	（222）670
1926年5月5日	禾丰纸厂泻水问题近讯	（223）104
1926年5月8日	纸厂之整理废水办法	（223）175
1926年5月14日	纸厂泻水风潮之调解方法	（223）324
1926年5月28日	纸厂拟建用水循环机	（223）678
1926年5月29日	东栅镇罢市与塘汇区人民请愿	（223）700
1926年5月30日	河道饮料检查实况	（223）728

① ［美］蕾切尔·卡逊（Rachel Carson）著，吕瑞兰译：《寂静的春天》，北京：科学出版社，1979年，第9页。

（续表）

时　间	标　题	出　处
1926年5月31日	双溪桥钉桩筑坝	（223）754
1926年6月3日	纸厂泄水争执将由省委处理	（224）56
1926年6月7日	纸厂风潮告一段落	（224）156
1926年6月10日	开坝后之纸厂泄水问题	（224）224
1926年6月19日	纸厂泻水问题近讯	（224）444
1926年6月19日	浙江省派会验嘉兴禾丰纸厂泄水官河案	（224）444
1926年6月21日	禾丰纸厂照常开工	（224）498
1926年6月23日	纸厂又告停工	（224）544
1926年6月24日	纸厂重新开工	（224）568
1926年6月26日	纸厂泻水问题之近讯	（224）618
1926年7月2日	嘉兴禾丰纸厂股东公鉴	（225）25
1926年7月3日	嘉兴禾丰纸厂股东公鉴	（225）48
1926年7月4日	嘉兴禾丰纸厂股东公鉴	（225）76
1926年7月29日	浙江嘉兴东栅人民对于禾丰纸厂泻放毒水泣告	（225）703
1926年9月3日	禾丰纸厂又起争端	（227）62
1928年5月17日	嘉兴纸厂继续开办	（246）452
1928年6月13日	东栅民众对于造纸厂之不满	（247）353
1928年7月21日	纸厂泄水又起纠纷	（248）610
1928年9月6日	纸厂泄水又起纠纷	（250）163
1928年11月29日	禾丰厂基实行标卖	（252）816
1929年1月14日	纸厂泻水问题之请核	（254）348

（续表）

时　间	标　题	出　处
1929 年 4 月 5 日	纸厂泄水问题之难解决	（257）119
1929 年 4 月 7 日	东栅民众对于纸厂之集议	（257）178
1929 年 4 月 15 日	查勘纸厂泻水	（257）403
1929 年 5 月 14 日	禾丰纸厂债务定期审理	（258）356
1929 年 6 月 6 日	纸厂泄水又起问题	（259）134
1929 年 6 月 27 日	厅令纸厂改善泄水	（259）753
1930 年 6 月 30 日	竟成造纸公司被控	（271）803
1934 年 6 月 5 日	东栅镇商号罢市	（317）144
1934 年 6 月 9 日	东栅镇商号已开市	（317）264

说明：出处（××）××，为《申报》影印版（册数）页码。

除了《申报》，《大浙江报》也比较关注；同时，一些杂志，如《科学》《浙江实业季刊》《医药学》等也刊登了相关内容，这使得“废水风潮”得以广泛传播，便于民众了解事件真相。从这个意义上讲，当时《申报》等新媒体客观上支持了东栅民众的抗议运动。

然而，自 1930 年之后，新闻媒体对“废水风潮”的关注度急剧下降。1934 年的“废水风潮”，《申报》相关报道只有 2 条，而之前有 38 条（见表 4）；抗战胜利后的“废水风潮”，《申报》则完全不报道，只报道民丰造纸厂在“国货”“实业”中的贡献。其他新闻媒体也基本一样，笔者查阅了上海图书馆开发的《全国报刊索引数据库》和民国时期期刊全文数据库（1911—1949）、国家图书馆民国报刊数据库，以及嘉兴市档案馆、湖州市档案馆、浙江省档案馆相关报纸杂志，仅发现一篇“废水风潮”相关报道[1]。

为何新闻媒体在1934年前后对禾（民）丰造纸厂“废水风潮”的态度有如此大的变化，这要从近代中国的“实业救国”思潮谈起。

鸦片战争使中国国门被打开，特别是中日甲午战争后，“落后就要挨打”成为一些有识之士的普遍观念，他们认为通过发展实业，可以挽救中华民族，由此形成了“实业救国”浪潮。辛亥革命结束了清王朝的统治，建立了民国，进一步促进了中国“实业救国”思想的高涨[2]。“实业”被看成“强国”“致富”的“关键”：

> 实业为近代经济学科中最重要之部门，一国实业之兴衰，足以衡量其国势之强弱。盖现代国家为求适应国防、民生之需要，必须树立自给自足之生产制度，加强独立自主之经济基础，“强国”、“致富”之关键，全在于此[3]。

民国时期，受资本和技术的限制，轻工业是兴办实业的主要方向，造纸工业更被视为“实业救国”，挽回“漏卮”的重要内容：

> 自国民政府施行建设，振兴实业，提倡国货，而造纸

---

① 榕：《“黑水”化验的结果，不堪作饮料，有益农作物》，《国民日报、嘉兴民国日报、嘉兴人报联合版》，1948年9月25日。

② 蔡双全：《近代中国实业救国思潮研究》，北京：中国社会科学出版社，2011年，第190页。

③ 张肖梅：《实业概论》，上海：商务印书馆，1947年，第2版，第1页。

一事亦视为建设中之重要工业①。

对于嘉兴禾丰造纸厂创办的过程，《申报》进行了持续报道。1924年，当禾丰造纸厂从美国运回第一批机器时，《申报》称“未始非实业界之好消息也”②。金允中则将开办后的禾丰造纸厂描绘为“嘉兴之声色”：

六七年前，禾城并无大工厂设立，年来工业渐见振兴，丝厂纸厂，均先后成立，现亦有四五家之多，每日于晨午傍晚，两次放汽笛数次，所催工人起身，及放早膳停工之信号，其声呜呜，音长历五六分钟之久，亦实业界之好现象也③。

不过，禾丰造纸厂最终没能成功地实现“实业救国”，反而在国内同业竞争中倒下。后来接办的民丰造纸厂，通过成立“国产纸版联合营业所”，才让自己在纸版业中站稳脚跟；然后，投入巨资，聘请专家，添购设备，于1934年底成功制造出薄白版纸。这受到国内实业界的大加赞扬：

嘉兴东门外甪里街民丰造纸厂，鉴于市上所售各种白纸版、灰纸版等，均系外货，漏卮甚巨，乃不惜巨资，置办精良机械，制造各种白纸版、灰纸版及别样花色等纸版，

---

① 陈献荣：《改良中国造纸业之刍议》，《科学的中国》，1933年，第2卷第7期，第6页。

② 《禾丰纸厂建筑近讯》，《申报》，1924年7月30日，(204) 676。

③ 金允中：《嘉兴之声色》，《嘉兴商报》，1926年9月20日；虽然金允中没有直接说明是在描写禾丰造纸厂，但据：“造纸厂上下班都拉汽笛，‘呜——’的冲天声响，在东栅街上听得一清二楚。”（薛家煜：《一河清水起风波》，薛家煜著：《寻找东栅》，上海：上海辞书出版社，2009年，第49页）可知“每日于晨午傍晚，两次放汽笛数次”描写的正是禾丰造纸厂。

名目繁多，厚薄均有，专供各种香烟厂、套鞋厂及药房糖果厂制匣之用，以船牌商标风行海内，其质料之纯洁光滑，与舶来品有过之而无不及，但价格实较低廉，如外商英美烟公司，及中国纸版制品公司等，咸来购用，国货商厂，如南洋烟草公司、华成烟草公司及各套鞋厂等均系纷纷向该公司订购，该厂已呈准财政部、实业部国内概免重征，运销外洋一律免税，当此提倡国货时代，该厂有如是之精良出品，良可极予提倡也[①]。

从此，民丰造纸厂的船牌白底白面轻量薄版纸风行全国，“供不应求，盈利颇丰”[②]。丰厚的利润进一步增强了民丰造纸厂试制技术要求更高的卷烟纸的信心。1936 年 6 月，国内第一台卷烟纸机建成，国产卷烟纸在民丰造纸厂首创成功。这是旧中国造纸工业从低级技术的版纸工业上升到高级技术的薄纸工业的“历史性突破”[③]，标志着“民族造纸工业的一次重大突破”[④]，民丰造纸厂由此成为“实业救国”的典型、“国货”的代表：

民丰造纸公司，规模宏大，资本充足，因鉴于国内卷

① 《民丰造纸厂之概况出品》，《嘉区汇览》，嘉兴民国日报社，1935 年，第六章“嘉区工商业”，第 145 页。

② 《嘉区汇览》，嘉兴民国日报社，1935 年，第六章“嘉区工商业”，第 1 页。《嘉区一瞥》，嘉区民国日报社，1936 年元旦特刊，“嘉区工商业”，第 1、2 页。

③ 《民丰志》编纂委员会编：《民丰志（1923—1996）》，北京：中华书局，1999 年，第 6 页。

④ 竺培农、竺培元、竺培德：《竺梅先与民丰、华丰造纸厂》，《文史资料存稿选编》之《工商经济史料丛刊》，第 3 辑，北京：文史资料出版社，1984 年，第 170 页。

烟用纸，过去漏卮之巨，力图挽救，乃筹划仿制，经时经年，耗资百万，本年（1936年）六月间，国货卷烟纸乃得出现。经该公司呈准政府在沪津青岛及浙闽鲁冀各省市享有专制权后，即开始筹制，一方面力谋改进，故出品质量，适合标准，各烟厂纷纷采用，深获嘉许①。

在民丰造纸厂逐渐成为“实业救国”的典型、“国货”的代表的同时，民丰造纸厂也在主动利用媒体来宣传自己的国货产品。最有代表性的事件就是1936年6月14日民丰造纸厂的股东大会。这是民丰造纸厂为宣传成功制造卷烟纸而精心设计的媒体发布会，民丰造纸厂包特快列车邀请上海社会各界500多人来厂里参观。在安排的发言中，无一例外，每个人都在突出创立实业和“国货”的重要意义与重重困难。董事长徐桴强调“生产建设实为救国之要图”，民丰造纸厂“对于国家、社会之利益，实非浅鲜”；民丰造纸厂总经理竺梅先则强调民丰有民族大义，主动“减少无谓竞争”，谋求民族纸业的发展，转制卷烟纸；股东代表褚辅成强调国货的种种艰难，号召“尽力抵制私货”；媒体代表严独鹤总结了民丰造纸厂成功的原因，并称创制卷烟纸的“精神实堪钦佩”②。

在1936年6月14日的股东大会上，民丰造纸厂“招待颇为周到”，之后不断有人前往参观，好评不断。石英称

① 《民丰国货卷烟纸足供烟厂应用》，《实业部月刊》，1937年第2卷第1期，第265页。

② 《民丰纸厂招待各界赴禾参观》，《申报》，1936年6月15日，（341）388。

“它是民族工业，较参观外国任何大工厂还要特别高兴”[1]。抗战胜利后，媒体继续宣传民丰造纸厂是国内唯一家能生产卷烟纸的造纸厂：

本市商家，日前应嘉兴等八商会邀游南湖，便赴民丰造纸厂参观，由该厂总经理金润庠招待。全厂规模宏大，占地甚广，在东塔附近，为全国唯一能造卷烟纸的纸厂[2]。

新闻媒体在1930年前后对民丰造纸厂“废水风潮”态度的巨大变化，除了民丰造纸厂自1932年起成立“国产纸版联合营业所”，然后创制薄白版纸、卷烟纸，成为“实业救国”的典型、“国货”的代表，以及拉拢利用媒体进行宣传之外，还有一个重要原因，即与民丰造纸厂投资者和经营者的官方背景有关：

敝厂董事长为现任省府委员兼浙江地方银行董事长徐圣禅（徐桴），经、协理为前全国经济委员会委员竺梅先，现任全国经济委员会委员金润庠，董事若褚慧僧（褚辅成）、杜月笙、陈倬、王文翰、金廷荪等，或任中央大员，或为海上闻人，皆为革命先进而主张抗战至最后胜利之人[3]。

民丰造纸厂的投资者和经营者，“或任中央大员，或为海上闻人”，在此情况下，“废水风潮”这种不和谐的声音

---

① 石英：《南巡佳话》，《申报》，1936年7月5日，（342）123；亦见《中国建设》，1936年第14卷第2期，第142页。

② 《民丰纸厂参观记：卷烟用纸大量增产》，《新闻报》，1947年8月22日。

③ 《为请求给示保护而安工作由》（1945年9月9日），档号：L304-002-166-101。

肯定容易被过滤掉。

三、公众参与是“废水风潮”的主要推动力

按照今天的定义，民国时期东栅民众在“废水风潮”中的斗争显然属于“群体性事件”。今天有关环境问题的“群体性事件”，特别是暴力冲突时有发生，但在民国时期嘉兴禾（民）丰造纸厂“废水风潮”斗争中，很少发生暴力冲突，仅有一次冲击厂方事务室，造成1人受轻伤，其余的历次事件都控制在“和平”范围内。民众充分利用讼诉、请愿、罢市等方式，来表达自己的诉求。官方也很少使用暴力机关来对待民众的请愿罢市行为，仅有一次拘禁3人3天，原因还是出现了“反动标语”。由此可以看出，当时基层的民众运动已达到一个相当高的水准。“废水风潮”中，东栅民众从讼诉、请愿、集会、罢市，到筑坝断水、舆论宣传，组织得井井有条，东栅社会各阶层（镇绅、商户、农民等）团结得相当紧密，敢于斗争，也善于斗争。

在东栅民众反对废水的斗争中，东栅“镇绅”起到了主导作用，如抗战前的万选青（“万涌兴”面店业主）、徐觉生（“徐聚兴”纸号业主）、王止柔（吉祥庵小学国文教员），抗战后的王文深（烟什店业主，曾任抗日政工队副队长，《嘉兴人报》副编辑）等，主动为民请命，或出钱，或出力，成为“废水风潮”中与厂方、政府斗争的代表，以维护东栅民众的利益。

曹树基在评价丰萧关于民国时期嘉兴乡镇自治的研究时指出：“在民众的层面上，丰萧证明：‘一旦给予民众民主的权利，在法律的规范和正常的监督环境下，乡村民主就可以真正地制约政府权力和维护民众权益。’”① 民国时期，东栅民众在“废水风潮”中的斗争，亦证明了这一点。

一旦民众具有“环境保护”意识，公众参与将成为环境保护事业的驱动力。进入21世纪，嘉兴通过环保联合会、市民检查团、专家服务团、绿色宣讲团和环境权益维护中心，形成了“一会三团一中心”的“嘉兴模式”，极大地推动了嘉兴环境保护事业的发展②。

四、工业化不是环境保护的敌人

工业化意味着物质与能源消耗。工业革命以来，人类对自然的影响达到了史无前例的程度，工业被很多人视为环境保护的障碍。其实，工业与环境保护并非水火不容，近几十年来发达国家在协调两者关系上已经做得越来越好。

工业化会对生态环境带来影响，但当我们认识到其中的危害时，是可以采取措施来最大限度地减少其对环境的危害，乃至消除工业发展给自然环境保护带来的不利影响。笔者想起了2012年旅游卫视播出的一期节目。中国商人娄晓明看准了非洲的市场，准备在乌干达建立一家造纸厂。建厂很顺利，但正式投产过程却困难重重。2007年，造纸

① 参见丰萧:《权力与制衡：浙江省嘉兴地区乡镇自治研究（1945—1949）》，北京：商务印书馆，2014年，“序”第2页。

② 虞伟编:《中国环境保护公众参与：基于嘉兴模式的研究》，北京：中国环境出版社，2015年，第181页。

厂在乌干达建成，因产品和环保不达标，3 年无法正式投产。按照我们对落后非洲脏乱差的印象，乌干达的造纸标准应该很低。但这是误解。乌干达曾是英国殖民地，造纸行业沿用英国的标准。乌干达卫生纸的标准是食品工业的标准，生产过程不能使用氯气等化工原料来漂白、软化，否则要受到刑罚。废水排放标准同样要求高，环保部门是三月一查。直到 2010 年通过添加植物添加剂、挖人工湖、沉淀过滤废水、生化处理后重复利用等手段，娄晓明的造纸厂才顺利投产[①]。这里借用王建革在《江南环境史研究》一书中的结语："就江南的生态环境整治而言，许多人完全知道应该怎么做，却无感于环境的破坏与崩溃，这是当前社会的重大危机。环境衰退能否止住，可能不在乎技术的发明创造，而在乎家国天下情的复兴。"[②]

民国时期，中国科学界就知道污水处理的 6 类主要方法：稀释法、灌溉法、化学沉淀法、过滤法、消化法、活泥积清理法[③]。问题是缺少机制，没有有效地利用这些方法来治理工业废水。为了尽快使中国强大起来，在"救国"与"救民"的选择上，"救国"往往被放在了第一位，这种工业发展思路一直延续到 21 世纪初，这不仅给中国近现代的自然生态环境带来了巨大的灾难，也引发了一系列环境群体性事件。

嘉兴地处杭嘉湖平原，是承接上游来水汇入东海前的

① 《行者·非洲十年系列·破烂王》，旅游卫视，2012 年 8 月 23 日。

② 王建革：《江南环境史研究》，北京：科学出版社，2016 年，第 587 页。

③ 荣达坊：《近代污水清理之演进》，《科学》，1937 年第 2 期，第 114—124 页。

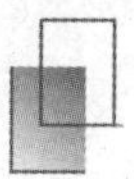

水网缓冲区域，因此受到过境外来的污水的严重侵害，尤其是受北部的苏州市吴江区盛泽镇的工业污水侵害尤重。例如2001年，盛泽镇印染业的日排放污水总量达30万吨，但污水处理设备的设计能力仅12.3万吨，大量超标排放污水使污染情况更趋严重。长期的边界水污染终于引发了群体性纠纷。2001年11月22日凌晨，嘉兴王江泾群众自发组织在境内“筑坝”，拦阻污水入侵，即“零点行动”的“断河事件”[①]，断水筑坝再次在嘉兴上演。

“环境就是民生”，这是习近平总书记2015年的讲话。现在我们认识到了自然环境的生态价值，将生态文明建设融入经济建设、政治建设、文化建设、社会建设的各方面和全过程之中，相信不久的将来，中国的山会更绿、水会更清、天会更蓝。

---

① 《嘉兴市水利志》编纂委员会编：《嘉兴市水利志》，北京：中华书局，2008年，第265—268页。

附　录

附录1　民国时期嘉兴禾（民）丰造纸厂大事记

1923年：褚辅成等集资36万元（银元），筹建嘉兴禾丰造纸股份有限公司（禾丰纸版厂）。5月4日，在嘉兴东门外甪里街蒯塔坊购地22亩。

1925年：禾丰纸版厂建成1台美制四圆网多烘缸造纸机，7月试车，8月正式生产黄纸版。

1927年：禾丰厂亏损负债甚巨，宣告破产停业。

1928年：禾丰厂产权出租给上海竟成造纸公司，改名为竟成造纸厂四厂，租期1年。

1929年：竺梅先、金润庠等集资50万元，筹组民丰造纸股份有限公司（简称民丰造纸公司）。1月16日，以28万元购嘉兴禾丰纸版厂。

1930年：3月31日，恢复纸版生产；洪沧亭为董事长，

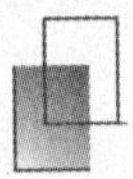

竺梅先任经理，金润庠任协理，孙定阳任厂长。10 月 18 日，洪沧亭辞职，徐圣禅任董事长。

1932 年：10 月 10 日，由于市场上纸版过剩，同行竞争激烈，为平衡产销，消除危机，共御日货，由民丰、华丰两厂发起，联合苏州华盛、大华、天津振华共 5 家造纸厂成立“国产纸版联合营业所”，签订为期 5 年的联营协定。

1934 年：11 月，民丰造纸公司第 11 次董事会通过生产卷烟纸的决定，并依据《工业奖励法》向国民政府实业部申请生产卷烟纸的专制权。是年，向德国引进的成套表面光泽装置安装完成，制造薄白版纸获得成功。

1935 年：4 月 22 日，为鼓励创制卷烟纸，国民政府实业部核准民丰造纸公司在 4 省（浙江、福建、山东、河北）3 市（上海、青岛、天津）享有卷烟纸专制权 5 年。

1936 年：6 月，国内第一台卷烟纸机（2 号纸机）在民丰厂建成投产。为庆祝新纸机落成，民丰造纸公司于同月 14 日邀请上海工商界、新闻界人士和卷烟厂代表以及民丰、华丰两公司全体股东共 500 余人到厂参观。是年，在创制卷烟纸后，车间日夜班作业工时由二班制改为三班制。

1937 年：8 月 17 日，民丰造纸公司发出通告，宣布工厂停工，遣散职工；11 月 19 日，嘉兴沦陷，日军占领民丰厂。

1945 年：9 月 13 日，日方向民丰造纸公司交还厂产；12 月 8 日，“2 号纸机”开车出纸，并将该日定为民丰厂复厂纪念日。

1946年：7月31日，任命副总工程师陈晓岚为民丰厂厂长。

1947年：1月，经国民政府经济部核准，发给“奖字第36号”工业奖励执照，准予民丰造纸公司生产的卷烟纸，在浙、闽、鲁三省及沪津两市享有专制权3年；6月26日，纸版机（“1号纸机”）修复开车，仍生产以薄白版纸为主的各种纸版。

1948年：1月，“3号纸机”安装完成（2月26日开始生产卷烟纸），造纸机增加为3台；5月，民丰造纸公司董事长徐圣禅辞职，杜月笙接任。

资料来源：《民丰志》编纂委员会编：《民丰志（1923—1996）》，北京：中华书局，1999年，第505—509页。

附录2　一河清水起风波

薛家煜

清流润沃野，一泻千百年。双溪流进了二十世纪，却由一股污流浊水，引发了连连风波。温情似水的东栅人，掀起了一场场为水呐喊的“黑水风潮”。时过境未迁，直至今日，东栅的老人言及此事，一个个仍似嘉兴评话艺人胡天如说《七侠五义》一般，一出一出的。

“那辰光”，老人习惯的开场白没有具体时间。上海《申报》白纸黑字、连篇累牍地记载了当年东栅人对双溪一河清水命运的担心和抗争：1923 年间，甪里街有建造纸厂的动议。东栅人即示异议，“认为该厂之设，有妨饮料”。吃水乃百姓大事，当年东栅人可谓明察秋毫。“双方争执多时，经省委派教导员莅临查勘”，省员竟称“于附近民众之饮料毫无关碍，故该厂可核证”（《申报》1924 年 1 月 21 日）。好一个“毫无关碍”的断论，种下了东栅一域用水之祸根。《申报》1924 年 6 月 19 日记下了这历史时刻：禾丰纸厂“第一批机器现已于美国运到，闻年内即可出货”。

造纸机隆隆运转之日，便成了东栅人吃水遭殃之时。耄耋老人张菊芳时在童年，父辈们突然像遭灾一样谈水色变的经历，她记忆犹新：黑水到处，鱼虾浮毙；船过翻泡，臭气冲天。一河清水，转眼面目全非。首当其冲的东栅民众怒不可遏，群起攻之。近乡农民担泥抛石，在吴泾桥下拦河筑坝；渔夫船民扛橹持篙，抬了死鱼去堵厂门；小镇众商民“文谏武胁”，或联名状告，或围厂示威。曾为吉祥庵小学国文教员的王止柔等文人挺身而出，为民请命，组织民众向县政府请愿。交涉无果，遂化验水质，撰写状纸，向省府和南京政府举证投诉。壮汉蒋士荣鸣响大锣，全镇罢市；店员商贩揭竿而起，高举铁耙木棍，砸碎“禾丰”沿街厂房玻璃门窗，扬言捣毁造纸机器……

蒋仕（按：“仕”应为“士”）荣大锣一敲，登高一呼，可谓小镇惊天动地之举。于是，“蒋大（嘉兴方言读如

‘杜’）锣”之称不胫而走。现迁居城里的王锦纶老太，每每说起蒋大锣，有声有色，如同描绘一尊顶天立地的英雄，言语中充满了敬佩之誉。

双溪是东栅及四乡民众相依相伴的母亲河。当年，禾丰纸厂的“创业兴邦”之道，乡人鲜有同识。黑水浸染，生死攸关，东栅人选择了抗争。断航围厂，厂民僵持，事态严峻。时任县知事（县长）奉省指令出面调解。对于这一场官民对话，我叔父薛传绶的描述颇为精彩：“东栅人有备而来，他们碗端河中黑水称，知事既说黑水无碍，请当众喝下。知事顿时哑然失语，振振之词，哈哈官腔，不攻自破。”

禾丰纸厂只得让步：民众饮水，租船载送；乡间农户，发放水费；水上人家，赔款补偿。“禾丰”董事褚辅成亲自前往东栅，与当地乡绅协商拆坝，并据东栅民众要求，在东塔寺西侧租田124亩7分，挖作贮废水深潭。

事态虽说平息，但后患终究无穷。当年，造纸厂上下班都拉汽笛，“呜——”的冲天声响，在东栅街上听得一清二楚。每当汽笛响起，镇上的人就会担心：今朝放不放黑水。

轰动禾城的“黑水风潮”后，禾丰纸厂开开停停。1928年初，“禾丰”易名换主，改组成了上海竟成造纸公司第四厂。厂方异想天开，擅将甪里街改名“竟成路”。路牌一亮相，东栅人即嗤之以鼻，愤愤不平。更有甚者，新老板有恃无恐，违背“断无污水泄河”之开业“誓言”，顾不得蓄水池容量有限，阳奉阴违地干起了偷排暗放的勾当。但是，黑白有别，一目了然，夜间纸厂黑水一放，白天河

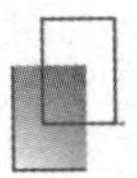

水立竿见影。黑水风潮骤然再起。东栅人一呼百应，有的进城请愿，沿途散发《泣告书》；有的围厂抗议，愤怒的民众将竟成路路牌连基砸毁，弃于甪里河中。

厂外民怨沸腾，厂内危机四伏。“竟成”挂牌一年，未成大业。1929年春，纸厂再度重组，成立民丰造纸厂。褚辅成任厂董事。厂方放下架子，厂长孙定扬（按：“扬”应为“阳”）听取东栅乡绅万选青、王止柔、朱春卢、孙莘生、徐振之等代表意见，在东栅镇东市张家弄、西市杨庙弄、下塘石竹里各开一口深井，雇员揿水，免费供民众饮用。

我读过王止柔后人王士锦先生的《回忆父亲》一文，文中说到三十年代初，“民丰出资……建造三口深井，储水于塔，沿街装置自流水管和供水龙头，定时供水”。东栅民众破天荒地用上了自流水。虽然它时属“嘉兴城乡首创”，却是一河清水历史性变质的代价。现安居老年公寓的胥晓宝，曾是东栅揿水工。他告诉我，抗战后，民丰重修水井，出水量大增。那时的揿水工有16人之多。这也可见民丰厂生产的节节进展和黑水对东栅的步步威胁。

下塘街民众较少，石竹里的深井不设水塔，用水一直由民众自揿。我读小学时，同学相约曾去水井玩耍，它就在鞋匠徐长庆草棚边。我伸手将铁柄把杆一揿，饭碗口粗的出水嘴“哗——”的一下，水就涌了出来。同伴们都觉得十分有趣。民丰纸厂对自行揿水户每月发放两三元钱的揿水费，以示关照。现今旧街上的老人一遇到自来水涨价，总要扯上一句：“老早白吃水，还有得领揿水费。”

黑水停停放放，后来愈放愈凶。遇上台风，河水倒流，连秀美的南湖也遭了殃。1957 年 1 月，嘉兴自来水厂建成供水。城区民众也用上了自来水，而东栅民众却随之结束了免费用自来水历史。

资料来源：薛家煜：《一河清水起风波》，《南湖晚报》，2003 年 10 月 11 日；后收入薛家煜：《寻找东栅》，上海：上海辞书出版社，2009 年，第 48—50 页。

附录 3　在商言商：基于民国国产纸版联合营业的研究

民国时期，外有列强倾销，内有同业竞争，民族工业发展困难重重，联营是当时一种常见的商业行为。对于联营活动，学界一般认为虽具有“垄断”性质，但并不是为了获取“垄断利润”，而是内忧外患下的“经济自卫”手段[①]。具体到国内纸版行业，王方中先生亦认为其联营“与外货的压力有不同程度的关系”[②]。相关文史资料及厂志，

① 如：王方中：《1925—1937 年间民族工矿业与航运业中的联营活动》，《近代史研究》，1992 年第 1 期，第 195—214 页；卢征良：《从“市场垄断”到“经济自卫”：近代中国水泥业同业联营问题浅探》，《中国社会经济史研究》，2011 年第 2 期，第 40—45 页。

② 王方中：《1925—1937 年间民族工矿业与航运业中的联营活动》，《近代史研究》，1992 年第 1 期，第 210 页。

则进一步指出是为了“抵制日货倾销”①。成立于1932年的“国产纸版联合营业所”，在当时联营活动中“成效最著”②。笔者在查阅相关资料时发现，“国产纸版联合营业所”是“卡特尔”性质的垄断组织，其目的就是为了获得“垄断利润”，而非内忧外患下的“经济自卫”手段。现对此问题展开论述，以期方家指正。

一、从无到严重过剩：20世纪20年代国内纸版业

纸版是制造纸盒的材料。纸版主要有两种，黄色者俗称马粪纸（Straw Board），用作制造包装纸盒等；白色纸版（Card Board），品质较优，供制造上等纸盒（如化妆品等）之用；另有茶色纸版、灰色纸版等③。在所有纸版中，“黄版纸等级最低”，但“用途最为广泛”④，销路也最大⑤。

中国近代工业基础薄弱，欧美各国原来多有纸版向中国输出，后来国内黄版纸市场几乎由日本独占。随着中国

---

① 竺培农、竺培元、竺培德：《竺梅先与民丰、华丰造纸厂》，《文史资料存稿选编》之《工商经济史料丛刊》，第3辑，北京：文史资料出版社，1984年，第167页；杨鑫海：《褚辅成创办禾丰造纸厂》，《嘉兴市文史资料》第3辑《褚辅成专辑》，杭州：浙江人民出版社，1991年，第63页；《民丰志》编纂委员会编：《民丰志（1923—1996）》，北京：中华书局，1999年，第5页。

② 磬：《为联合营业者进一解》，《申报》，1935年7月7日，（330）174。

③ 张天荣：《洋纸名称说略》，《申报》，1926年10月30日，（228）763；黄版纸亦称“黄服”，陆公英：《浙江之机器造纸业》，《国际贸易导报》，1933年第5卷第10期，第227页。纸版亦有称“版纸”，李文中：《民丰造纸厂公私合营的前前后后》，嘉兴市政协学习和文史资料委员会编：《嘉兴文史汇编》（第5册），北京：当代中国出版社，2011年，第317页。

④ 徐新吾主编：《中国近代造纸工业史》，上海：上海社会科学院出版社，1989年，第106页。

⑤ 张天荣：《洋纸名称说略》，《申报》，1926年10月30日，（228）763。

近代工业的逐渐发展，对版纸，特别是黄版纸的需求日益增长。一战后，列强重新加紧了对中国的经济侵略，中国工商业总体上经历着由盛变衰的转折，但机器造纸工业却较为特殊。1920 年，中国出现第一家机器专业纸版厂——华盛造纸厂。该厂设在江苏省苏州阊门外枫桥，年产量为 4500 吨[①]。1920—1925 年，中国机器造纸工业中接连成立了 6 家纸版厂（见表 1），总产能达年 29500 吨。

表 1　1920—1925 年中国机器专业纸版厂

厂　名	所在地	创立年份	主要产品	产　能（年/吨）
华盛造纸厂	苏　州	1920	黄版纸	4500
武林造纸厂	杭　州	1921	黄版纸	5500
振华造纸厂	天　津	1922（1923 年投产）	黄版纸	4500
华章造纸厂	苏　州	1924	黄版纸	5000
竟成造纸厂	上　海	1924	黄版纸、灰纸版	4500
禾丰造纸厂	嘉　兴	1924（1925 年投产）	黄版纸	5500

注：（1）资料来源：徐新吾主编：《中国近代造纸工业史》，上海：上海社会科学院出版社，1989 年，第 112—116 页；（2）6 家厂总产能为 29500 吨，而据 1926 年张天荣估算，当时华盛、武林、振华、竟成、禾丰 5 厂年产能为 25000 吨，参见张天荣：《最近纸版工业之状况》，《申报》，1926 年 5 月 19 日，（223）466，据此推算华章造纸厂产能为 4500 吨。

① 徐新吾主编：《中国近代造纸工业史》，上海：上海社会科学院出版社，1989 年，第 106 页。

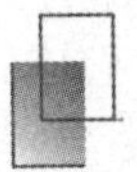

这一时期专业纸版厂发展突出，徐新吾给出了三点原因：第一，需求增加。在一战期间及战后初期，卷烟、橡胶、制药、百货、食品等工商业均有不同程度的发展，这些行业都需用纸版，市场对版纸的需求量随之增加。第二，原料丰富，利润很高。黄版纸以稻草为原料，江浙地区及天津附近都是水稻产区，稻草原料丰富，取给方便。利润则比其他产品为高，以1924年的市价为例，当时进口的日本黄版纸市价每吨85两，苏州华盛厂产品售价每吨80两，而制造成本则不到40两，利润丰厚，宜乎资本家热衷于此。第三，也是最重要的，洋纸压力较轻。纸版价低、量重、运费高，不是进口洋纸的重要部分，压力不是很重，从而使国内产品在市场上有较多的活动余地。这些都是有利于专业版纸厂发展的①。

纸版业发展除了上述三点原因，还有一个重要原因是黄版纸在机器造纸业中技术要求最低，便于涉入：

> 我国造纸业中较为有希望者厥为板纸，盖板纸原料为稻草，我国随地皆可得之，且制造方法甚为简单，小额资本即可经营。②

对于民国时期中国纸版业发展原因，造纸业专家张天荣也有十分精辟的论述：“纸版用途之广泛，且纸版工业，轻而易举，不需十分财力与人力，原料稻草，以及药品石

① 徐新吾主编：《中国近代造纸工业史》，上海：上海社会科学院出版社，1989年，第109、110页。

② 《中国之造纸业》，《中外经济周刊》，1924年第61期，第8页；亦见，《中华书局月报》，1924年第20期，第5页。

灰，均系国货。”[①]

故表1中当时纸版厂产品基本都是黄版纸。黄版纸价低、量重、运费高，“产品交运时所占吨位较多，舶来品利润不大”[②]，不是进口洋纸的重要部分。国产黄版纸由于成本优势，逐渐占据国内市场，从日本进口的黄版纸逐渐减少。1920年，由上海埠输入纸版量约5700吨；至1924年，约4800吨[③]。张天荣进一步称，在华盛造纸设立以前，中国用纸版“全由日本输入”，但至1923年，“我国国货纸版几为华盛之专利品”[④]。

华盛造纸厂的黄版纸迅速占领国内市场，得益于当时国内无其他版纸厂，“产品质量亦好”[⑤]；还有一个重要原因，其生产成本较低，“不到40两”[⑥]，而其售价每吨“达

---

① 张天荣:《中国制纸工业之现状》,《商业月报》, 1934年第14卷第5期,第2页。

② 金志朗、沙咏源:《民丰、华丰两造纸厂简史》,《中华文史资料文库》(经济工商编)第12卷《工业》,北京:中国文史出版社, 1996年,第845页。

③ 张天荣:《最近纸版工业之状况》,《申报》, 1926年5月19日, (223) 466。

④ 张天荣:《谈纸版工业》,《国货评论刊》, 1929年第2卷第9期,第3页。

⑤ 徐新吾主编:《中国近代造纸工业史》,上海:上海社会科学院出版社, 1989年,第129页。

⑥ 徐新吾主编:《中国近代造纸工业史》,上海:上海社会科学院出版社, 1989年,第110页。

百两以上”[①]，“颇获利益”[②]。“纸版制造工业，本轻利重”[③]，“利之所在，人争趋之”，在经济利益的驱使下，武林、振华、华章、竟成、禾丰造纸厂相继设立。短时间内国内先后有6家纸版厂设立，还有一些人亦想投资，对此，浙江省政府设计会表示了担忧：“国人多无远见，有利可图，趋之若鹜，如最近在江苏之昆山、安徽之芜湖等处，均有创设纸版厂之讯，一旦厂数过多，必供过于求，稍有生气之纸版业，或将因之而失败也。”[④]

的确，限于经济发展水平，中国纸版市场相对较为狭小。1926 年，国内 6 家纸版厂的产能为年产 29500 吨，1927 年达 34000 吨[⑤]，而当年国内消费量“年不过一万二三千吨”，如此“岂不生产过剩”[⑥]，“供过于求”[⑦]。

---

① 张天荣：《谈纸版工业》，《国货评论刊》，1929 年第 2 卷第 9 期，第 3 页；徐新吾引用当时华盛厂工人口述史料称，每吨售价为 80 两，参见徐新吾主编：《中国近代造纸工业史》，上海：上海社会科学院出版社，1989 年，第 110 页。

② 张天荣：《最近纸版工业之状况》，《申报》，1926 年 5 月 19 日，（223）466。

③ 金志朗、沙咏源：《民丰、华丰两造纸厂简史》，《中华文史资料文库》（经济工商编）第 12 卷《工业》，北京：中国文史出版社，1996 年，第 845 页。

④ 浙江省政府设计会编辑：《浙江之纸业》，浙江省政府设计会，1930 年，第 51 页。

⑤ 徐新吾主编：《中国近代造纸工业史》，上海：上海社会科学院出版社，1989 年，第 130 页。

⑥ 张天荣：《最近纸版工业之状况》，《申报》，1926 年 5 月 19 日，（223）466。

⑦ 沈叔夏：《中国造纸所需原料问题》，《申报》，1928 年 6 月 12 日，（247）342。

二、跌价、联营与转产：纸版业产能过剩的应对策略

1926年，由于国内纸版生产过多，为了占领国内市场，谋求生存，各纸版厂竞相跌价。黄版纸价格每吨售价，由最高时达“百两以上”，跌到最低时只有“三十几两”[①]，而纸版的成本近“40两”[②]，造成各纸版厂“难得利益”[③]。为此，一些厂家想到联营。面对国内纸版生产过剩状况，1926年，武林、禾丰两厂首先开始“联营”，统一营销：

两厂共同组织一联合营业所，非经联合会之盖印，不能私自贩卖，以期利益均沾[④]。

对这一联营活动，张天荣甚为称赞，称其“立法甚善”，“可免贩卖竞争之虞”，并认为进一步联合销售店家，专销国货，中国纸版业才有前途[⑤]。这是国产纸版业的初次联营活动，然不知何故，对于这次联营活动，《民丰志》和相关文史资料都没有记载。这次联营何时结束，笔者并没找到相关记载，但可以肯定持续时间不会太久。1927年，禾丰造纸厂还是因负债甚巨，宣告破产停业。

---

① 张天荣：《谈纸版工业》，《国货评论刊》，1929年第2卷第9期，第4页。

② 徐新吾主编：《中国近代造纸工业史》，上海：上海社会科学院出版社，1989年，第110页。

③ 张天荣：《最近纸版工业之状况》，《申报》，1926年5月19日，（223）466。

④ 张天荣：《最近纸版工业之状况》，《申报》，1926年5月19日，（223）466。

⑤ 张天荣：《最近纸版工业之状况》，《申报》，1926年5月19日，（223）466。

为了应对跌价竞销的影响，各厂皆“粗制滥造”①，以降低成本。这是自毁长城，因为质量是产品的根本。没多久，多厂先后倒闭，工厂易主：

以上六厂（详见前文表1）均系民国九年至十四年间设立之者，惟均专造纸版，论销路自无滞货之理，因同业间无组织之团体，互相竞争，以致外货输入，价格低落，至不能维持，故除华盛外，几尽无盈余，以是或作或辍，得以经持至今者，其易主改名已不止一次矣②。

资格最老、赚利最多的华盛造纸厂，也因产品销路呆滞，亏蚀甚巨，于1927年陷于停顿③。张天荣称是由于国内同行竞争及日货的影响，国内纸版价格暴跌：

此时纸版价格跌至每吨四十两以下，又有东洋货为之，崇非善经营者，难以维持也④。

这里需要说明的是，张天荣称华盛造纸厂停业的原因有“东洋货”的影响，笔者认为，根本原因还是产能严重过剩，“国内同行竞争”激烈。前文已述，1927年国内纸版产能是国内市场需求的近3倍。同样，1927年禾丰造纸厂停产，现有的文史资料及厂志均称是由于日本的垄断倾销，也不符合史实。如新修的《民丰志》称：“民国14年

① 金润庠：《造纸工业概观》，《商业月报》，1946年第22卷第5期，第1页。

② 张天荣：《中国制纸工业之现状》，《商业月报》，1934年第14卷第5期，第2页。

③ 徐新吾主编：《中国近代造纸工业史》，上海：上海社会科学院出版社，1989年，第129页。

④ 张天荣：《谈纸版工业》，《国货评论刊》，1929年第2卷第9期，第4页。

(1925) 建成投产后，因日商垄断纸板市场，货价暴跌，经营亏损，于16年 (1927) 停产。"①

说是"日商垄断"，这是为民族工业发展困难找"借口"，根本原因并非日本的倾销。20世纪20年代，日本黄版纸产量一年约10万吨，但国内消费量年约7万吨，供过于求，曾极力向中国倾销，使中国黄版纸"殆为日货所占"；但当中国纸版业发达后，完全可以自给，"日货自归绝迹，意中事耳"。如，1925年，上海进口总量1829千磅 (约830吨)，由日本进口的占86%，1574千磅 (约720吨)；1926年，进口量为2189千磅 (约990吨)，日货占83% (约820吨)②。每年不足千吨的进口量，与中国3万吨的产能相比，不值一提。故1925年以来，中国纸版业经营困难的根本原因是国内产能严重过剩、同行业之间的竞争激烈，即"彼此采取跌价办法争夺市场，以致两败俱伤"③。

不过，这一时期竟成造纸厂情况例外，它在同业竞争中得到了发展。上海竟成造纸厂先后租借停业的振华、华盛及禾丰造纸厂，以一厂而扩充至四厂，其经理王叔贤被称为"中国纸版大王"。竟成造纸厂在竞争如此激烈的市场环境中能够发展，张天荣分析有4点原因：

一、竟成以十数万元，购日本之旧机器，租某交易所

① 《民丰志》编纂委员会编：《民丰志 (1923—1996)》，北京：中华书局，1999年，第63页。

② 张天荣：《日本纸类生产之概况及其在华之势力》，《商业月报》，1929年第1期，第7页。

③ 《民丰志》编纂委员会编：《民丰志 (1923—1996)》，北京：中华书局，1999年，第63页。

之机房充厂屋，固定资本轻；他厂则购新机，买地皮，造厂屋，种种设备，所费何止数倍。

二、竟成设在上海，比他厂可省运费。

三、竟成之货，南洋兄弟香烟公司销路最大，虽黄版纸价格最低（每吨三十几两）之时，彼能专做灰色纸版，供香烟公司之需要，不受市面影响。

四、经理为王一亭之公子王叔贤先生，王一亭先生为慈善家兼实业家，故其经营方法继述乃父，自当出人头地①。

成本低、运费省、转产专做"灰纸版"，除此之外，还因有薄纸的生产帮助周转②，在懂经营的王叔贤带领下，面对激烈的同业竞争，竟成造纸厂仍能维持生产，并进一步扩大。

三、"卡特尔"垄断："国产纸版联合营业所"

当时，竟成造纸厂王叔贤拥有4厂，被视为"中国纸版大王"③，他自以为已实现了集中垄断的企图，又谋在南洋方面打开销路。不过，由于扩张过快，给王叔贤的集中兼并埋下了失败的伏笔。毕竟竟成造纸厂基础还是很薄弱，"以有限之资本，而营极大之事业，不免成尾大不掉之势"，以致情况转趋于困难。当时，纸版市场市价每吨45两，而

---

① 张天荣：《谈纸版工业》，《国货评论刊》，1929年第2卷第9期，第4页。

② 徐新吾主编：《中国近代造纸工业史》，上海：上海社会科学院出版社，1989年。

③ 张天荣：《谈纸版工业》，《国货评论刊》，1929年第2卷第9期，第4页。

竟成造纸厂常被经销商涌生泰、裕泰良两纸号杀价，而推销到南洋各地的货价又要比上海市价减价20%，终因负担利息过多，经营日益困难。竟成厂对所租各厂的租金拖欠不付，因而有些厂在租期未满时即由原主另行出售，有些厂则由王叔贤之兄经手退还原主。最终，王叔贤搞的集中兼并以失败结束[①]。

在王叔贤搞“集中兼并”出现困难之时，竺梅先和金润庠看准了办实业可以“名利双收”[②]。竺梅先和金润庠在收购禾丰造纸厂、建立民丰造纸厂时，认为国内工业有所发展，特别是卷烟、胶鞋等轻工业发展较快，需要包装原料，只要同业之间能够取得协调，不要自相倾轧，必然大有可为。1929年民丰造纸厂建立后，竺梅先和金润庠首先主动跟上海竟成造纸厂王叔贤沟通，希望两厂联营。然而，经过两个多月的谈判，王叔贤终未就范[③]。王叔贤不肯联营，容易理解。在国内纸版跌价竞争之时，上海竟成造纸厂曾先后租借停业的振华、华盛及禾丰造纸厂，以一厂而扩充至四厂，他自己也被称为“中国纸版大王”，而后来竺梅先和金润庠是从他手中“夺走”了禾丰造纸厂。

虽然1929年联营失败，但竺梅先和金润庠并没有放

① 徐新吾主编：《中国近代造纸工业史》，上海：上海社会科学院出版社，1989年，第131页。

② 金润庠：《我不再起伏不定动荡不安》，《工商界》，1956年第2期，第29页；亦见陈真、姚洛编：《中国近代工业史料》（第1辑）《民族资本创办和经营的工业》，北京：生活·读书·新知三联书店，1957年，第555页。

③ 金志朗、沙咏源：《民丰、华丰两造纸厂简史》，《中华文史资料文库》（经济工商编）第12卷《工业》，北京：中国文史出版社，1996年，第845页。

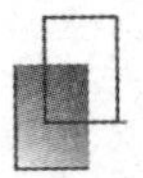

弃，最终在1931年迎来一个机遇。当年，杭州武林造纸厂拍卖。竺梅先与金润庠商量后，决心接办武林，为纸版联营所的建立增强实力。当时竞争投标的还有大华造纸厂的叶荫三。竺梅先于是请浙江省保安处长竺鸣涛出面，与叶荫三达成协议，两标合一，由竺梅先以29.05万元得标，合作筹组华丰造纸股份有限公司，资本50万元。由于上海杜月笙、金廷荪都表示要参加，竺梅先、叶荫三碍于情面，也为了依靠杜、金的势力，便于今后在上海打开市场，最后由叶荫三、杜月笙、金廷荪各投资10万元，竺梅先8万元，金润庠3万元，其余资本邀请褚辅成、王文翰、孙梅堂、张继光等人参加。1931年6月，华丰造纸厂正式成立，推杜月笙为董事长，竺梅先为经理，叶荫三、金润庠为协理①。

华丰造纸厂成立后，此时竺梅先、金润庠已拥有两个造纸厂，实力较厚，又开始了联营活动。经过一个时期的协商，除竟成厂的王叔贤仍无法说服外，其他如苏州的大华厂、华盛厂，天津的振华厂，都表示愿意合作，共同组建纸版产销垄断机构。1932年，中国纸版同业联合委员会成立，理事会由5厂各派1人组成，叶荫三任理事长，竺梅先、金润庠为理事；理事会下设“国产纸版联合营业所”，金润庠任所长。理事会讨论通过各厂生产任务的具体分工，规定各厂产品一律交由联营所出售，定价划一，厂家和联

---

① 竺培农、竺培元、竺培德：《竺梅先与民丰、华丰造纸厂》，《文史资料存稿选编》之《工商经济史料丛刊》，第3辑，北京：文史资料出版社，1984年，第167页。

营所售价之间的差额，拨充该所经费。1932 年 10 月 10 日，5 厂签订了为期 5 年的《国产纸版联营所章程协定》，对各厂产品、销售区域、产品价格分别进行了规定，具体内容如下：

在原料与产品方面，各厂所需原料除稻草外统归联营所代购；对各厂生产品种进行分工，其中民丰改造白版纸、青灰纸版、提花纸版、特光纸版等，华丰改造灰纸版，借以调剂①。

在销售区域方面，联营所规定天津振华产品不南运，南方各厂产品不北上，内销过剩部分，由联营所负担运、杂开支，奖励外销南洋群岛一带，再有滞销出现，则采取各厂轮流停工办法，以资节制，停工期间的正常开支，由联营所贴补。

在销售价格方面，大幅提高各种纸版的价格，以黄版纸为例：联营前的售价是每吨 53 两（一度跌到 37 两），联营后是 90 两，提价 73%②。

这些协议得到较好执行。如在纸版陷于滞销、价格不稳的时候，民丰、华丰执行轮流停工停产。同时，为应对竟成造纸厂的低价倾销，竺梅先在市场上大量收购竟成厂的产品，以压缩纸版上市量。总体说来，在抗战以前，国内的纸版销路和价格基本上是稳定的。1936 年 1 月 15 日，5 厂又续订了 5 年《国产纸版联销协定》。抗战爆发后，各

---

① 《上海工商界之概况》（纸厂与纸业专号），1940 年，第 18 页。

② 金志朗、沙咏源：《民丰、华丰两造纸厂简史》，《中华文史资料文库》（经济工商编）第 12 卷《工业》，北京：中国文史出版社，1996 年，第 845 页。

厂纷纷停产，联营所自然结束①，抗战胜利后也未恢复②。

对于“国产纸版联合营业所”的成立背景，现有的文史资料及《民丰志》均称是为了“抵制日货倾销”③，甚至认为“国产纸版联合营业所”就是为了“联营抗日”④。这显然不符合当时国内纸版业产销状况。其实，当时国内纸版产能严重过剩，同业竞争激烈。上文已述，国产纸版业自1926年以来已经严重生产过剩，并造成多家纸厂停业。竺梅先、金润庠一直想通过成立一个“托拉斯性质的联营所”，统一产销，即“控制生产和价格”⑤，从而获得超额利润。为了达到这一联营目的，他们在联营过程中使用了一些手段。

首先，利用手段收购杭州武林造纸厂。上文据竺培农

---

① 《民丰志》编纂委员会编：《民丰志（1923—1996）》，北京：中华书局，1999年，第5页。

② 金志朗、沙咏源：《民丰、华丰两造纸厂简史》，《中华文史资料文库》（经济工商编）第12卷《工业》，北京：中国文史出版社，1996年，第845页。

③ 竺培农、竺培元、竺培德：《竺梅先与民丰、华丰造纸厂》，《文史资料存稿选编》之《工商经济史料丛刊》，第3辑，北京：文史资料出版社，1984年，第167页；杨鑫海：《褚辅成创办禾丰造纸厂》，《嘉兴市文史资料》第3辑《褚辅成专辑》，杭州：浙江人民出版社，1991年，第63页；《民丰志》编纂委员会编：《民丰志（1923—1996）》，北京：中华书局，1999年，第5页。

④ 金志朗：《金润庠生平事略》，民建杭州市委会、杭州市工商业联合会编：《杭州工商史料》第3辑，内部发行，1987年；亦见金志朗：《金润庠与民丰、华丰造纸厂的重振》，浙江省政协文史资料委员会编：《浙江文史集粹》经济卷（上册），杭州：浙江人民出版社，1996年，第480—487页；《民丰志》编纂委员会编：《民丰志（1923—1996）》，北京：中华书局，1999年，第5页；《浙江省工商业联合会志》编纂委员会编：《浙江省工商业联合会志》，北京：方志出版社，2003年，第242页。

⑤ 竺培农、竺培元、竺培德：《竺梅先与民丰、华丰造纸厂》，《文史资料存稿选编》之《工商经济史料丛刊》，第3辑，北京：文史资料出版社，1984年，第167页。

等人的记载，称杜月笙、金廷荪是主动要求参加收购武林造纸厂，其实是因为竺梅先和金润庠缺少资金。以下是当事人金润庠的回忆：“不料因为我们力量薄弱，拉不拢，失望下来，觉得只有一个办法，就是必须扩大资本和势力，用这样两种力量来强迫同业参加我们的托辣（拉）斯。于是我们拉拢了杜月笙、金廷荪、叶荫三共同投资把杭州武陵（林）纸厂买下。我和竺先生已无钱投资了，我们就利用经、副理职权，欺骗了其他股东，认下了虚股，只转了一笔账，收进股本，付我暂欠，这样牛牵马崩地把华丰开起来了。”①

其次，通过跌价来控制市场。在控制民丰、华丰两厂，联合叶荫三的大华厂后，3 厂资本已相当雄厚，再加杜月笙、金廷荪等撑腰，金润庠等先后向另外 3 家国产纸版厂厂主大力宣传“联营抗日，实业救国”的主张，同时 3 厂采取联合跌价的办法，对在上海市场销售黄版纸的其他厂家施加压力，继之把黄版纸整船整船装运到沿江各口岸，夺取市场②。

最后，由杜月笙、金廷荪出面，邀请其他厂经理谈判，

① 金润庠：《我不再起伏不定动荡不安》，《工商界》，1956 年第 2 期，第 29 页；亦见陈真、姚洛编：《中国近代工业史资料》第 1 辑《民族资本创办和经营的工业》，北京：生活·读书·新知三联书店，1957 年，第 555、556 页。

② 竺培农、竺培元、竺培德：《竺梅先与民丰、华丰造纸厂》，《文史资料存稿选编》之《工商经济史料丛刊》，第 3 辑，北京：文史资料出版社，1984 年，第 167、178 页；金志朗：《金润庠生平事略》，民建杭州市委会、杭州市工商业联合会编：《杭州工商史料》第 3 辑，内部发行，1987 年；亦见金志朗：《金润庠与民丰、华丰造纸厂的重振》，浙江省政协文史资料委员会编：《浙江文史集粹》经济卷（上册），杭州：浙江人民出版社，1996 年，第 480—487 页。

迫使各厂接受联营。据当事人金润庠回忆："我记得杜月笙、金廷荪两人当场把他们痛骂一顿，恐吓一番，终于他们在双重压力下就范了。"①

由于成立"国产纸版联合营业所"是为了获得超额垄断利润，在1932年10月10日，5厂签订《国产纸版联营所章程协定》，通过统一产销，控制价格，使黄版纸的价格大幅提高。上文已述联营前的售价是每吨53两（一度跌到37两），联营后是90两，提价73%，而黄版纸的成本每吨不到40两，5厂很快"从亏本做到大大赚钱"②，"皆大欢喜"③。

故，"国产纸版联合营业所"是一种"卡特尔"垄断，这是垄断的初级形式，不是金润庠、竺培农等人所言的"托拉斯"垄断④。

"卡特尔"产生于19世后期的德国，民国时期在国内还是新事物，最初译为嘉提尔（Kartel）。此即若干企业互

---

① 金润庠：《我不再起伏不定动荡不安》，《工商界》，1956年第2期，第29页；亦见陈真、姚洛编：《中国近代工业史资料》第1辑《民族资本创办和经营的工业》，北京：生活·读书·新知三联书店，1957年，第556页。

② 金润庠：《我不再起伏不定动荡不安》，《工商界》，1956年第2期，第29页；亦见陈真、姚洛编：《中国近代工业史资料》第1辑《民族资本创办和经营的工业》，北京：生活·读书·新知三联书店，1957年，第556页。

③ 竺培农、竺培元、竺培德：《竺梅先与民丰、华丰造纸厂》，《文史资料存稿选编》之《工商经济史料丛刊》，第3辑，北京：文史资料出版社，1984年，第168页。

④ 金润庠：《我不再起伏不定动荡不安》，《工商界》，1956年第2期，第29页；亦见陈真、姚洛编：《中国近代工业史资料》第1辑《民族资本创办和经营的工业》，北京：生活·读书·新知三联书店，1957年，第556页；竺培农、竺培元、竺培德：《竺梅先与民丰、华丰造纸厂》，《文史资料存稿选编》之《工商经济史料丛刊》，第3辑，北京：文史资料出版社，1984年，第167页。

相协定，以支配或独占市场为手段，以获得利润为目的，其各参加企业只于协定的限度以内，失其独立性，换言之，即各参加企业，仍于交通经济上保持其自由活动的原则，只受某种限制而已，此所谓各种限制者，例如贩卖条件、价格、贩路及生产额等，“是一独占的利益协定”①。通过“国产纸版联合营业所”的“卡特尔”垄断，民丰造纸厂“从亏本做到大大赚钱”。

四、结语：在商言商与实业救国

学界一般认为，民国时期的联营活动虽具有“垄断”性质，但不是为了获取“垄断利润”，而是在内忧外患的情况下采取的“经济自卫”手段②。通过上述分析，具体到国产纸版联营，其目的显然与这一看法相反。国内纸版业的经营困难与外货几乎没任何关系，而是因为纸版业技术较低，利润较高，国内短时间内相继建立了6家纸版厂，造成生产严重过剩。1932年成立的“国产纸版联合营业所”自然也不是为了“联营抗日”，而是一种“卡特尔”垄断，其目的就是获得“垄断利润”。如此看来，徐新吾对当时民丰、华丰厂的评价是非常贴近历史事实的：“‘民华丰’资本积累之多，企业发展之快，生产规模之大，在旧中国机器造纸工业中是不多见的。在这里，资本家除了依靠剥削

---

① 《新词拾零》，《新中华杂志》，1934年，第2卷第1期，第250页。

② 如：王方中：《1925—1937年间民族工矿业与航运业中的联营活动》，《近代史研究》，1992年第1期，第195—214页；卢征良：《从“市场垄断”到“经济自卫”：近代中国水泥业同业联营问题浅探》，《中国社会经济史研究》，2011年第2期，第40—45页。

广大职工，发家致富外，而他们与社会上帮会势力相联系，从事操纵垄断活动，攫取高额垄断利润，也是比较突出的。”①

“在商言商”是中国的古训，虽说国产纸版业联营并非为了抵制日货，但是通过垄断市场、控制价格、协调生产，还是保证了国产纸版业产销平衡和利润稳定，“成绩斐然可观”，从而为民丰造纸厂进军技术要求较高、完全由外货垄断的卷烟纸市场奠定了资本基础，“吾国制纸，始露一线之光明”②。从这个意义来讲，面对积贫积弱的国情，想“实业救国”，国产纸版联营的活动更像是一种无奈的选择。

注：此文刊于《中国社会经济史研究》2017年第1期，第75—81页。

---

① 徐新吾主编：《中国近代造纸工业史》，上海：上海社会科学院出版社，1989年，第309页。

② 工商部上海工商辅导处调查资料编辑委员会编印：《造纸工业》，1948年，第1页。

参考文献

一、基本史料

(一)报纸杂志

1.《申报》

《开濬城中河道》,《申报》,1917年5月16日,(146)269。

《设立浚河事务所》,《申报》,1919年3月10日,(157)151。

《组织造纸厂》,《申报》,1920年3月26日,(163)472。

《新工造纸厂之成绩》,《申报》,1920年5月14日,(164)245。

《新工纸厂之成绩》,《申报》,1921年3月26日,(169)438。

《甪里河筹备疏浚》,《申报》,1921年12月6日,(176)116。

《疏浚甪里河近讯》,《申报》1921年12月11日,(176)217。

《甪里河定期开工》,《申报》,1921年12月19日,

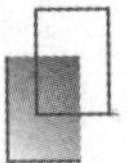

(176)377。

《东郊浚河近讯》,《申报》,1922 年 2 月 21 日日,(177)816。

《腐物抛弃河道之禁止》,《申报》,1922 年 7 月 29 日,(182)629。

《乡镇请设卫生警》,《申报》,1922 年 8 月 23 日,(183)479。

《九里湾建造纸厂》,《申报》,1923 年 1 月 25 日,(188)486。

《嘉禾造纸厂创立会》,《申报》,1923 年 3 月 15 日,(189)306。

《造纸厂筹备设立》,《申报》,1923 年 6 月 22 日,(192)463。

《嘉兴公共卫生事宜》,《申报》,1923 年 7 月 14 日,(193)295

《筹设第三纸厂》,《申报》,1923 年 9 月 2 日,(195)35。

《禾丰纸厂订购机器》,《申报》,1923 年 11 月 4 日,(197)79。

《禾丰纸厂已准备案》,《申报》,1924 年 1 月 21 日,(199)433。

《禾丰纸厂之创立会》,《申报》,1924 年 3 月 1 日,(200)11。

《禾丰纸厂购机建屋》,《申报》,1924 年 3 月 7 日,(200)143。

《除螟会请费与设所》,《申报》,1924 年 4 月 11 日,

(201)223。

《商人组设火柴厂》,《申报》,1924年5月29日,(202)633。

《禾丰纸厂呈请查验资本》,《申报》,1924年6月2日,(203)35。

《禾丰机器由美运到》,《申报》,1924年6月19日,(203)407。

《禾丰纸厂机械令饬放免》,《申报》,1924年7月18日,(204)403。

《商会会员赴苏省参观实业》,《申报》,1924年7月28日,(204)37。

《商报今日出版》,《申报》,1924年7月28日,(204)637。

《禾丰纸厂建筑近讯》,《申报》,1924年7月30日,(204)676。

《实业消息汇志》,《申报》,1925年8月6日,(215)109。

《王检察调查纸厂控案》,《申报》,1925年11月22日,(218)434。

《火柴公司建设之动机》,《申报》,1925年12月7日,(219)135。

《芬兰之纸业》,《申报》,1926年2月28日,(220)1122。

《纸》,《申报》,1926年3月19日,(221)416。

《杭州快讯》,《申报》,1926年3月23日,(221)495。

《东栅镇商号罢市原因》,《申报》,1926年4月11日,(222)244。

《新闻学会交谊会纪》,《申报》,1926 年 4 月 13 日,(222)295。

《王祉君发表对于中国造纸业意见》,《申报》,1926 年 4 月 19 日,(222)431。

《我国造纸事业之商榷》,《申报》,1926 年 4 月 25 日,(222)571。

《化验纸厂泻水情形》,《申报》,1926 年 4 月 30 日,(222)670。

《禾丰纸厂泻水问题近讯》,《申报》,1926 年 5 月 5 日,(223)104。

《纸厂之整理废水办法》,《申报》,1926 年 5 月 8 日,(223)175。

《商标杂话》,《申报》,1926 年 5 月 12 日,(223)288。

《纸厂泻水风潮之调解方法》,《申报》,1926 年 5 月 14 日,(223)324。

《最近纸版工业之状况》,《申报》,1926 年 5 月 19 日,(223)466。

《纸厂拟建用水循环机》,《申报》,1926 年 5 月 28 日,(223)678。

《东栅镇罢市与塘汇区人民请愿》,《申报》,1926 年 5 月 29 日,(223)700。

《河道饮料检查实况》,《申报》,1926 年 5 月 30 日,(223)728。

《双溪桥钉桩筑坝》,《申报》,1926 年 5 月 31 日,(223)754。

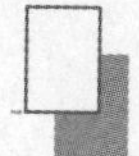

《纸厂泄水争执将由省委处理》,《申报》,1926年6月3日,(224)56。

《纸厂风潮告一段落》,《申报》,1926年6月7日,(224)156。

《开坝后之纸厂泄水问题》,《申报》,1926年6月10日,(224)224。

《纸厂泻水问题近讯》,《申报》,1926年6月19日,(224)444。

《浙江省派会验嘉兴禾丰纸厂泄水官河案》,《申报》,1926年6月19日,(224)444。

《禾丰纸厂照常开工》,《申报》,1926年6月21日,(224)498。

《纸厂又告停工》,《申报》,1926年6月23日,(224)544。

《纸厂重新开工》,《申报》,1926年6月24日,(224)568。

《纸厂泻水问题之近讯》,《申报》,1926年6月26日,(224)618。

《嘉兴禾丰纸厂股东公鉴》,《申报》,1926年7月2日,(225)25。

《嘉兴禾丰纸厂股东公鉴》,《申报》,1926年7月3日,(225)48。

《嘉兴禾丰纸厂股东公鉴》,《申报》,1926年7月4日,(225)76。

《浙江嘉兴东栅人民对于禾丰纸厂泻放毒水泣告》,《申

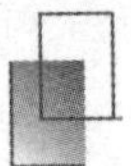

报》,1926年7月29日,(225)703。

《禾丰纸厂又起争端》,《申报》,1926年9月3日,(227)62。

《最近世界新闻之用纸状况》,《申报》,1926年7月4日,(227)669。

《洋纸名称说略》,《申报》,1926年10月30日,(228)763。

《东栅镇之损失调查》,《申报》,1926年11月3日,(229)55。

《杭州快信》,《申报》,1926年11月11日,(229)249。

《华纸名称说略》,《申报》,1926年11月17日,(229)405。

《各国在华纸业贸易之概况》,《申报》,1927年1月1日,(231)22。

《上海本埠纸业之概况(一)》,《申报》,1927年2月7日,(231)709。

《上海本埠纸业之概况(二)》,《申报》,1927年2月8日,(231)73。

《宣纸》,《申报》,1927年3月1日,(232)17。

《制纸用木材原料需要之状况》,《申报》,1927年4月25日,(233)955。

《上海临时法院》,《申报》,1927年7月1日,(236)16。

《纸染厂秽水倾入浜内之饬查》,《申报》,1927年7月22日,(236)465。

《杭州快讯》,《申报》,1927年8月3日,(237)49。

《日本最近纸业之概况》,《申报》,1927年9月20日,(238)425、426。

《浙省整顿手工造纸厂办法》,《申报》,1927年11月7日,(240)145。

《上海临时法院》,《申报》,1927年11月18日,(240)399。

《去年洋纸输入状况》,《申报》,1927年12月30日,(241)677。

《商业杂志第三卷一号纪念号出版》,《申报》,1928年1月10日,(242)202。

《利用废物造纸谈》,《申报》,1928年2月3日,(243)65。

《利用废物造纸谈(答周拜花君)》,《申报》,1928年2月8日,(243)188。

《芦苇造纸之发明》,《申报》,1928年2月8日,(243)191。

《嘉兴纸厂继续开办》,《申报》,1928年5月17日,(246)452。

《芦柴制纸之价值与江南制纸公司之新计划》,《申报》,1928年6月12日,(247)341。

《中国造纸所需原料问题》,《申报》,1928年6月12日,(247)342。

《东栅民众对于造纸厂之不满》,《申报》,1928年6月13日,(247)353。

《建设委员会决议案》,《申报》,1928年6月13日,

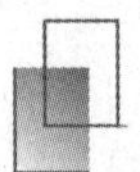

(247)353。

《商业杂志第三卷六号出版》,《申报》,1928 年 6 月 15 日,(247)412。

《扑灭洋纸》,《申报》,1928 年 6 月 29 日,(247)802。

《信纸信封足以代表人格,务请采用完全国货,请勿提倡舶来工料以塞漏卮》,《申报》,1928 年 6 月 29 日,(247)802。

《商业杂志第三卷七号出版》,《申报》,1928 年 7 月 16 日,(248)482。

《江南制纸公司之营业报告》,《申报》,1928 年 7 月 19 日,(248)571。

《纸厂泄水又起纠纷》,《申报》,1928 年 7 月 21 日,(248)610。

《农工商局批示汇总》,《申报》,1928 年 7 月 31 日,(248)892。

《商业杂志第三卷八号出版》,《申报》,1928 年 8 月 19 日,(249)530。

《纸厂泄水又起纠纷》,《申报》,1928 年 9 月 6 日,(250)163。

《竟成造纸公司股东会记》,《申报》,1928 年 9 月 11 日,(250)314。

《有碍饮料勒令迁让》,《申报》,1928 年 10 月 12 日,(251)300。

《第一公井工竣》,《申报》,1928 年 10 月 12 日,(252)324。

《禾丰厂基实行标卖》,《申报》,1928 年 11 月 29 日,

(252)816。

《工务所准备修理城内街道》,《申报》,1928年12月5日,(253)126。

《纸厂泻水问题之请核》,《申报》,1929年1月14日,(254)348。

《甘蔗渣制纸之新发明》,《申报》,1929年2月14日,(255)207。

《竹材制纸之新研究》,《申报》,1929年2月25日,(255)557。

《纸厂泄水问题之难解决》,《申报》,1929年4月5日,(257)119。

《东栅民众对于纸厂之集议》,《申报》,1929年4月7日,(257)178。

《查勘纸厂泻水》,《申报》,1929年4月15日,(257)403。

《禾丰纸厂债务定期审理》,《申报》,1929年5月14日,(258)356。

《开浚城河计划》,《申报》,1929年5月14日,(258)356。

《清洁城河办法》,《申报》,1929年5月21日,(258)564。

《纸厂泄水又起问题》,《申报》,1929年6月6日,(259)134。

《厅令纸厂改善泄水》,《申报》,1929年6月27日,(259)753。

《民丰造纸股份有限公司为承购嘉兴东门外角里街禾丰纸版厂全部厂产事通告禾丰各债权人各股东暨各关系人紧要启事》,《申报》,1929年12月1日,(265)2。

《嘉兴禾丰造纸股份有限公司债权人代表褚慧僧清理律师黄维墉出售禾丰全部厂产归民丰公司承受对禾丰造纸公司各债公人及关系人通告》,《申报》,1929年12月1日,(265)2。

《竞成造纸公司被控》,《申报》,1930年6月30日,(271)803。

《东栅镇商号罢市》,《申报》,1934年6月5日,(317)144。

《东栅镇商号已开市》,《申报》,1934年6月9日,(317)264。

《筹款开竣城河》,《申报》,1934年7月6日,(318)176。

《为联合营业者进一解》,《申报》,1935年7月7日,(330)174。

《稻草制浆之漂白法(上)》,《申报》,1935年10月24日,(333)662。

《稻草制浆之漂白法(下)》,《申报》,1935年10月31日,(333)845。

《一周间国货新讯》,《申报》,1935年12月5日,(335)117。

《国产卷烟纸继续研制成功,定今日起赠送样品,全国烟制厂当乐用》,《申报》,1936年3月1日,(338)14。

《民丰纸厂添置新机,招待各界赴嘉兴参观》,《申报》,

1936年6月9日,(341)232。

《民丰纸厂招待各界赴禾参观》,《申报》,1936年6月15日,(341)388。

《南巡佳话》,《申报》,1936年7月5日,(342)123。

《一周间国货新讯》,《申报》,1936年7月29日,(342)750。

《国货卷烟纸小言》,《申报》,1936年8月19日,(343)488。

《产销相应》,《申报》,1936年12月16日,(347)407。

《一周间国货新讯》,《申报》,1937年2月3日,(342)750。

《民丰造纸厂股东会决增资,合成三百万》,《申报》,1937年4月4日,(351)102。

《杜月笙等兴办实业,在昆明设纸厂》,《申报》,1939年1月12日,(361)217。

《嘉兴筹设自来水厂》,《申报》,1946年11月7日,(391)75。

《制造卷烟原料收购困难》,《申报》,1946年6月30日,(393)910。

《造纸增产计划决定,明年白纸木浆将大量加多》,《申报》,1947年12月16日,(395)771。

2. 其他

《东栅镇近况》,《嘉兴新报》,1942年10月11日,第3版。

《国内造纸业状况》,《时兆月报》,1933 年第 28 卷第 8 期,第 16 页。

《禾丰造纸厂出品胡蜂牌各式纸版广告》,《嘉兴商报》,1926 年 8 月 19 日,第 3 版。

《会验嘉兴禾丰纸厂泄水官河案(附表)(未完)》,《医药学》,1926 年第 3 卷第 9 期,第 11—30 页。

《会验嘉兴禾丰纸厂泄水官河案》(续第三卷第九期),《医药学》,1926 年第 3 卷第 12 期,第 48—66 页。

《会验嘉兴禾丰纸厂泄水官河案(附表)》,《药报》,1926 年第 36 期,第 6—37 页。

《嘉兴民丰造纸公司》,《首都国货周报》,1935 年第 8 期,第 8 页。

《嘉兴禾丰造纸厂泄水之试验成绩报告书》,《浙江实业季刊》,1926 年第 2 期,“报告”第 6—16 页。

《解决饮水问题》,《国民日报、嘉兴民国日报、嘉兴人报联合版》,1948 年 7 月 7 日。

《近代污水清理之演进》,《科学》,1937 年第 21 卷第 2 期,第 114—124 页。

《令各统捐局嘉兴民丰造纸公司出品准予免捐由》,《浙江省政府公报》,1930 年第 977 期,第 9 页。

《令杭州市市长各县县长为准部咨为核准民丰造纸公司制造卷烟纸专制权请饬属保护等由仰遵照由》,《浙江省政府公报》,1935 年第 2495 期,第 12、13 页。

《令嘉兴县县长呈一件民人徐聚兴等呈诉竟成纸厂泄放毒水妨害公众饮料请派专员查勘饬令停止改良以维民命

由》,《浙江民政月刊》,第1卷第14期《公牍·卫生》,1929年,第158页。

《民丰厂游泳池昨日正式揭幕:中青游泳团表演精彩》,《国民日报、嘉兴民国日报、嘉兴人报联合版》,1948年7月5日。

《民丰国货卷烟纸足供烟厂应用》,《实业部月刊》,1937年第2卷第1期,第265页。

《民丰造纸厂股份有限公司》,《征信日报》,1943年,特1453,第4页。

《批竞成造纸股份有限公司代办人徐永祚会计师呈一件为请将机制洋式纸版及纸张援例免税重征由》,《国民政府财政部财政日刊》,1928年10月18日,“呈批”,第8页。

《批民丰造纸公司呈一件为机制洋式纸板新出各色货品检同样本呈请援例完税以维国货由》,《财政部财政日刊》,1932年12月22日,“电批”,第4页。

《平桥湾发现污水,于卫生上大有妨碍》,《嘉兴商报》,1926年8月25日。

《全国造纸业统计》,《国货月刊(上海)》,1935年第1期,第44页。

《日本纸类生产之概况及其在华之势力(附表)》,《商业月报》,1929年第9卷第1期,第1—9页。

《商品上的洋纸种类概说》,《商业月报》,1928年第8卷第5期,第1—14页。

《审定商标第一七一号》,《商标公报》,1928年第4期第46页。

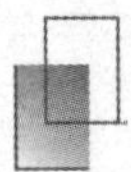

《通知民丰造纸厂股份有限公司前呈请卷烟纸专制权一案》,《实业公报》,1935 年第 245 期,第 133 页。

《我国造纸业概况》,《嘉兴新报》,1943 年 11 月 12 日,第 1 版。

《泻水问题解决条件》,《大浙江报》,1926 年 8 月 4 日,第 7 版。

《新词拾零》,《新中华杂志》,1934 年,第 2 卷第 1 期,第 250、251 页。

《再建公井,已焕然一新》,《国民日报、嘉兴民国日报、嘉兴人报联合版》,1948 年 7 月 30 日。

《造纸工业概况》,《征信新闻》,第 1076 期,1949 年 7 月 22 日,第 4 版。

《浙江武林造纸厂之内容》,《兴华》,1926 年,第 23 卷第 40 期,第 23—26 页。

《纸的增产问题》,《嘉兴新报》,1944 年 1 月 11 月,第 2 版。

《中国之造纸业(附表)》,《中华书局月报》,1924 年第 20 期,第 5 页。

《中国之造纸业(附表)》,《中外经济周刊》,1924 年第 61 期,第 8 页。

《中国造纸业统计》,《四川农业》,1935 年第 2 卷第 3 期,第 98、99 页。

陈晓岚:《中国造纸工业发展问题》,《东方杂志》,1933 年,第 31 卷第 7 号,第 115—124 页。

陈献荣:《改良中国造纸业之刍议》,《科学的中国》,1933

年,第2卷第7期,第6页。

成之编译:《造纸厂的废物可充肥料》,《创导》,1937年第1卷第1期。

顾毓方:《造纸厂废物可作肥料》,《实业部月刊》,1937年第2卷第5期,第182页。

黄炳芳:《利用水浮莲制造纸槳之研究》,《广东建设厅工业试验所年刊》,1935年。

金润庠:《一年来之各业概况(上):纸业》,《贸易周报》,1932年第2卷第1期,第5页。

金润庠:《造纸工业概观》,《商业月报》,1946年第22卷第5期,第1页。

金允中:《嘉兴之声色》,《嘉兴商报》,1926年9月20日。

梁华:《嘉兴县建设事业之概况》,《浙江省建设月刊》,1932年,第6卷第1期,"报告",第12—20页。

卢铭:《武林造纸厂污水试验》,《医药杂志》,1928年第1期,第47、48页。

陆公英:《浙江之机器造纸业》,《国际贸易导报》,1933年第5卷第10期,第227页。

榕:《"黑水"化验的结果,不堪作饮料,有益农作物》,《国民日报、嘉兴民国日报、嘉兴人报联合版》,1948年9月25日。

石英:《南巡佳话》,《中国建设》,1936年第14卷第2期,第142页。

天虚我生:《手工造纸与机器造纸之比较》,《机联会

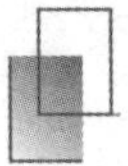

刊》,1936 年第 153 期,第 39—44 页。

王伯雷:《中国之造纸事业(附表)》,《报学月刊》,1929 年第 1 卷第 2 期,第 86—92 页。

韦斐斌:《中国造纸工业概述》,《广西企业季刊》,1943 年第 1 卷第 4 期,第 9—23 页。

吴朋:《上海新起“托拉斯”剖视》,《机联会刊》,1946 年第 183 期,第 12—15 页。

吴文英:《浙江之纸》,《浙江建设》,1937 年第 10 卷第 9 期,“调查”第 1—167 页。

萧范:《小辞典》,《学习》,1940 年第 2 卷第 4 期,第 87 页。

徐式圭:《“卡特庐”与“托拉斯”之敝害及其补救方法》,《学艺杂志》,1922 年第 4 卷第 6 期,第 1—5 页。

张天荣:《谈纸版工业》,《国货评论刊》,1929 年第 2 卷第 9 期,第 3—5 页。

张天荣:《中国纸业之概况》,《商业杂志》,1928 年第 3 卷第 1 期,第 1—10 页。

张天荣:《中国制纸工业之现状》,《商业月报》,1934 年第 14 卷第 5 期,第 1—7 页。

(二)档案

1. 嘉兴市档案馆

(1)民国时期档案(1945—1949)

《嘉兴县政府每周重要政情周记表》,档号:L304-002-033-304。

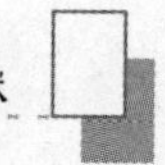

《浙江省嘉兴县民丰造纸厂调查》,档号:L304-002-102-108。

《嘉兴县东栅镇公所代电》(总栅字第133号),档号:L304-002-166-080。

《代电一件为会同取存民丰纸厂泄放污水请特饬继续取存五天以资鉴验祈鉴核由》,档号:L304-002-166-081。

《为饬续取存民丰纸厂该厂泄放污水五天仰遵办由》,档号:L304-002-166-082。

《答呈卫生院》,档号:L304-002-166-083。

《嘉兴县警察局东栅口派出所代电》,档号:L304-002-166-084。

《为民丰纸厂放泄污水案,仰召集纸厂、民众双方代表、地方首长会同调处由》,档号:L304-002-166-085。

《为呈复调处民丰纸厂放泄污水纠纷经过情形检同纪录祈鉴核由》,档号:L304-002-166-086。

《为饬会勘东栅镇七、十二两保开凿水井地点,在未完工前应需水量及送达地点具报等核由》,档号:L304-002-166-087。

《为录发民丰造纸厂泄水纠纷解决办法第二项原文,仰遵具报》,档号:L304-002-166-088。

《抄送"民丰造纸厂泄水纠纷调处座谈会"纪录一份》,档号:L304-002-166-089。

《为录发民丰造纸厂泄水纠纷座谈会解决办法第三项原文,仰遵办具报由》,档号:L304-002-166-090。

《迳启者,兹抄送民丰造纸厂泄水纠纷座谈会纪录一

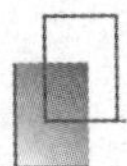

份》，档号：L304-002-166-091。

《聘请化学专家将禾丰纸厂所泄之水会同省委员详细化验》，档号：L304-002-166-092。

《民丰纸厂复工后放泄污水流入本集市河及附近乡村河道影响饮料农作危害群众生命》，档号：L304-002-166-093。

《民丰纸厂泄水纠纷调处座谈会》，档号：L304-002-166-094。

《面临重要的问题，特提出数点如下》，档号：L304-002-166-100。

《为请求给示保护而安工作由》，档号：L304-002-166-101。

《关于民丰纸厂泄水纠纷调处办理经过等情况》，档号：L304-005-204-006。

《函知民丰厂造纸厂泄放河水有碍饮料经浙江省卫生试验所检验终除收检验报告书请省卫处》，档号：L304-005-204-046。

《为电请速示本县民丰纸厂附近河水检验结果》，档号：L304-005-204-047。

《为奉行政院交办该县参议会电陈该县民丰纸厂泄放黑水请派员澈查》，档号：L304-005-204-055。

《嘉兴县政府为解决利用民丰纸厂废水灌溉农田问题座谈会记录》，档号：L304-005-204-076。

《嘉兴县东栅、塘汇镇利用民丰厂废水灌田委员会组织办法》，档号：L304-005-204-080。

《嘉兴县东栅、塘汇镇利用民丰厂废水灌田委员会第一次会议》,档号:L304-005-204-081。

《民丰造纸股份有限公司公文》(总第三十九号),档号:L304-005-204-084。

《关于民丰纸厂停工情形由》,档号:L304-005-204-084。

《关于民丰造纸厂污水加以改良由》,档号:L304-007-014-037。

《关于民丰造纸厂添置蓄水池问题由》,档号:L304-007-014-038。

《关于民丰造纸厂增设蓄水池两处问题由》,档号:L304-007-014-039。

《民丰造纸公司职工调查表》(汤寿珍、孙定阳、金润庠、沙永源、陈晓岚),档号:L304-007-015-029。

(2)中华人民共和国时期档案(1949—1990)

《嘉兴民丰造纸厂光辉的十年》,档号:009-001-270-076。

《关于为对于嘉兴市民丰造纸厂黑水问题提出的意见的函》,档号:016-001-139-016。

《关于民丰造纸厂关于废水排放情况及因此引起若干问题的专题的报告》,档号:016-001-228-008。

《关于民丰造纸厂与曹引宝、张经晴临时送水协议书》,档号:016-001-228-016。

《关于为报请帮助解决关于民丰废水工程复勘技术人员的报告》,档号:016-001-228-017。

《关于嘉兴民丰造纸厂污水影响情况的会报》，档号：020-001-098-056。

《关于民丰纸厂有毒废水泄入东栅公社水域水产资源鱼类受到严重损失的调查报告》，档号：031-001-450-024。

《关于嘉兴民丰造纸厂废水对外河浮游生长的影响初步的鉴定报告》，档号：031-001-461-113。

《关于要求批转民丰造纸厂污水危害渔业生产进行赔偿损失的报告》，档号：031-002-328-038。

《关于民丰造纸厂污水处理的建议》，档号：035-001-033-067。

《关于民丰黑水污染菱塘要求赔偿的报告》，档号：049-001-022-072。

《嘉兴市环保领导小组办公室关于民丰造纸厂、化工厂污水严重污染水源，损害人民身体健康，影响渔业生产发展的议案的答复》，档号：057-001-314-018。

《关于民丰造纸厂废水放入河内影响民众饮水及农田生产拟提出解决方案的报告》，档号：073-001-043-059。

《为民丰纸厂为主等几家大厂污水倒灌南湖危害渔菱生产，要求采取有效措施和赔偿损失的紧急报告》，档号：080-001-470-018。

《浙江省嘉兴民丰造纸厂的调查报告》，档号：081-001-350-009。

《关于嘉兴镇许安生产大队农作物受民丰纸厂烟害和废水损害、要求赔偿的报告》，档号：082-001-078-001。

《为民丰纸厂废水损害许安大队水面生产和烟害我东塔

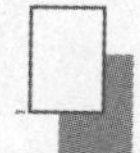

等队禾苗生长，现经过再次实地观察的情况报告》，档号：082-001-078-004。

《为许安大队菱秧被民丰厂废水损害影响生产的报告》，档号：082-001-078-006。

《关于民丰纸厂污水影响鱼菱要求赔偿损失》，档号：083-001-093-027。

《关于徐王等社要求民丰厂黑水灌溉水田的报告》，档号：094-001-190-037。

《塘汇乡引用民丰废水灌溉工程初步计划》，档号：094-001-190-039。

《关于利用民丰厂废水灌溉水田全部工程费用处理意见的报告》，档号：094-001-190-042。

《为要求民丰纸厂迅速增加废水灌溉能力以利春耕生产的报告》，档号：094-001-224-002。

《民丰造纸厂简介》，档号：143-004-116-207。

《关于民丰造纸厂增加6000吨/日白水回收装置项目的批复》，档号：229-002-033-069。

《关于要求民丰造纸厂打井解决社员生活用水的报告》，档号：240-002-014-025。

2. 湖州市档案馆

《嘉兴县民主人士鉴定表和登记表》(之二)，档号：6-16-11。

《1980年计委经办人民来信》，档号：48-19-38。

《嘉兴地区工业发展基本情况以及对湖州市丝绸工业发

展情况和长兴煤矿公司、嘉兴民丰纸厂的专题调查报告》，档号:53-3-13。

《专署工办关于工业调查有关重点厂的专题调查材料》，档号:53-4-14。

《生产计划、利润、规划及物价批复》，档号:54-20-3。

《专署、本局对嘉兴、嘉善县中型农田水利工程技术设计审批意见及有关文件》，档号:79-4-21。

《报送产销运输等项往来文报》，档号:297-2-122。

3. 浙江省档案馆

《关于报送邹玉堂提出“关于民丰造纸厂污水处理问题，尚未改善，应积极研究措施，不再使废水污染河流，影响下游民众的生活用水和农业灌溉”的提案一件》，档号:J101-015-231-033。

《民丰造纸厂污水情况及解决办法》，档号:J101-016-226-001。

4. 杭州市档案馆

《杭州市华丰造纸厂废水灌溉农田经验介绍》，档号:32-1-3。

《华丰造纸厂废水灌溉调查分析的初步小结》，档号:32-1-20。

5. 上海市档案馆

《民丰造纸厂概况调查》，档号:Q78-2-15005。

《金润庠欠付地租纠纷》，档号：Q109-1-1233。

《上海高等法院检察处关于调查金润庠、王和松、张中原、俞兰庭等汉奸罪行，上海市商会与该处及有关会的来往文书》，档号：Q201-1-334。

（三）文史资料

竺培农、竺培元、竺培德：《竺梅先与民丰、华丰造纸厂》，《文史资料存稿选编》之《工商经济史料丛刊》第3辑，北京：文史资料出版社，1984年。

竺培农、竺培德：《创办民丰、华丰造纸厂的竺梅先》，浙江省政协文史资料委员会编：《浙江文史资料选辑》第39辑《宁波邦企业家的崛起》，杭州：浙江人民出版社，1989年。

金志朗：《金润庠生平事略》，民建杭州市委会、杭州市工商业联合会编：《杭州工商史料》第3辑，内部发行，1987年。

金志朗、沙咏源：《民丰、华丰两造纸厂简史》，《中华文史资料文库》第12卷《工业》，北京：中国文史出版社，1996年。

金志朗：《重振民丰、华丰造纸厂的金润庠》，浙江省政协文史资料委员会编：《浙江文史资料选辑》第39辑《宁波邦企业家的崛起》，杭州：浙江人民出版社，1989年。

金志朗：《金润庠与民丰、华丰造纸厂的重振》，浙江省政协文史资料委员会编：《浙江文史集粹》经济卷（上册），杭州：浙江人民出版社，1996年。

杨鑫海：《褚辅成创办禾丰造纸厂》，《嘉兴市文史资料》第3辑《褚辅成专辑》，杭州：浙江人民出版社，1991年。

张天荣：《解放前的上海江南制纸公司》，《文史资料存稿

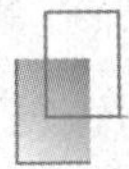

选编》经济(上),北京:中国文史出版社,2002 年。

王信成:《民丰、华丰造纸厂的发展与银行的关系》,嘉兴市政协学习和文史资料委员会编:《嘉兴文史汇编》(第 1 册),北京:当代中国出版社,2011 年。

郭士新:《解放前嘉兴县新闻界出版活动情况》,嘉兴市政协学习和文史资料委员会编:《嘉兴文史汇编》(第 2 册),北京:当代中国出版社,2011 年。

邵寿璇:《〈嘉兴商报〉的记述》,嘉兴市政协学习和文史资料委员会编:《嘉兴文史汇编》(第 3 册),北京:当代中国出版社,2011 年。

李文中:《民丰造纸厂公私合营的前前后后》,嘉兴市政协学习和文史资料委员会编:《嘉兴文史汇编》(第 5 册),北京:当代中国出版社,2011 年。

范洪祥:《稻草情怀》,嘉兴市政协学习和文史资料委员会、嘉兴市文史研究会编:《嘉兴文史》,总第 80 期,2014 年。

(四)民国图书

《海关中外贸易统计年刊》,1931 年,

《嘉区汇览》,嘉兴民国日报社,1935 年。

《嘉区一瞥》,嘉兴民国日报社,1936 年。

《嘉兴地方建设协会县政建设考察团报告书及其附录》,作者、出版地、时间不详。

《上海工商界之概况》(纸厂与纸业专号),1940 年。

方汉城:《造纸》,上海:商务印书馆,1933 年。

冯紫岗编:《嘉兴县农村调查》,《民国史料丛刊》,第 758

册,郑州:大象出版社,2009 年影印本。

工商部上海工商辅导处调查资料编辑委员会编印:《造纸工业》,1948 年。

建设委员会经济调查所统计课编:《中国经济志:浙江省嘉兴平湖》,杭州:建设委员会经济调查所,1935 年。

蒋赞:《嘉兴县政民政略述及县政之前瞻》,南京图书馆编:《二十世纪三十年代国情调查报告》,第 184 册,南京:凤凰出版社,2012 年影印本。

刘咸选辑:《造纸》,上海:中国科学社,1941 年。

民国《嘉兴新志》,台北:成文出版社,1970 年影印本。

民国浙江省通志馆编:《重修浙江通志稿》,北京:方志出版社,2010 年标点本。

实业部编:《实业四年计划》,实业部,1933 年。

实业部国际贸易局编纂:《中国实业志:浙江省》,实业部国际贸易局,1933 年。

杨大金编:《近代中国实业通志(制造业)》,台北:台湾学生书局,1976 年影印本。

张肖梅:《实业概论》,上海:商务印书馆,1947 年,第 2 版。

赵和民:《嘉兴县政实习报告》,南京图书馆编:《二十世纪三十年代国情调查报告》,第 180 册,南京:凤凰出版社,2012 年影印本。

浙江省政府设计会编辑:《浙江之纸业》,浙江省政府设计会,1930 年。

（五）资料汇编

陈真、姚洛编:《中国近代工业史料》第1辑《民族资本创办和经营的工业》,北京:生活·读书·新知三联书店,1957年。

陈真、姚洛、逄先知编:《中国近代工业史资料》第2辑《帝国主义对中国工矿事业的侵略和垄断》,北京:生活·读书·新知三联书店,1958年。

陈真编:《中国近代工业史料》第4辑《中国工业的特点、资本、结构和工业中各行业概况》,北京:生活·读书·新知三联书店,1961年。

孙毓棠编:《中国近代工业史资料》,北京:科学出版社,1957年。

中华人民共和国国家统计局工业统计司编:《我国钢铁、电力、煤炭、机械、纺织、造纸工业的今昔》,北京:统计出版社,1958年。

嘉兴市文化广电新闻出版局:《嘉兴历代碑刻集》,北京:群言出版社,2007年。

湖州市地名委员会办公室编:《湖州古旧地图集》,北京:中华书局,2009年。

嘉兴市档案馆、嘉兴市档案学会编:《〈申报〉嘉兴史料》(第六辑),香港:香港新世纪出版社,2000年。

嘉兴市档案馆、嘉兴市档案学会编:《〈申报〉嘉兴史料集萃》,北京:中共党史出版社,2008年。

苏州博物馆、江苏师范学院历史系、南京大学明清史研究室合编:《明清苏州工商业碑刻集》,南京:江苏人民出版社,1982年。

（六）新修方志

《民丰志》编纂委员会编:《民丰志（1923—1996）》,北京:中华书局,1999年。

《民丰志》编纂委员会编:《民丰志续修本（1997—2000）》,杭州:浙江时代出版服务公司,2002年。

《嘉绢志》编纂室编:《嘉绢志》,内部发行,1990年。

《嘉兴市水利志》编纂委员会编:《嘉兴市水利志》,北京:中华书局,2008年。

《嘉兴市志》编纂委员会编:《嘉兴市志》,北京:中国书籍出版社,1997年。

《浙江省工商业联合会志》编纂委员会编:《浙江省工商业联合会志》,北京:方志出版社,2003年。

嘉兴市地名普查工作领导小组办公室编:《浙江省嘉兴市地名志》,内部资料,1982年。

杨慕曾主编:《上海造纸志》,上海:上海社会科学院出版社,1996年。

（七）访谈调研资料

主要由薛家煜提供。

二、今人论著

（一）论文

安介生:《历史时期江南地区水域景观体系的构成与变迁:其于嘉兴地区史志资料的探讨》,《中国历史地理论丛》,

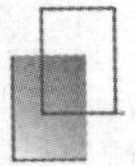

2006 年第 4 期。

陈桥驿:《长江三角洲的城市化与水环境》,《杭州师范学院学报》,1999 年第 5 期。

蔡燕:《洪炉丹心竺梅先》,《中国档案》,2015 年第 3 期。

韩海蛟:《产品层次与技术演变:近代中国造纸业之发展(1884—1937)》,华中师范大学硕士学位论文,2015 年。

胡孔发:《民国时期苏南工业发展与生态环境变迁研究》,南京农业大学博士学位论文,2010 年。

胡勇:《中国近代城市大气污染及其治理》,《光明日报》,2013 年 3 月 8 日。

金润庠:《我不再起伏不定动荡不安》,《工商界》,1956 年第 2 期。

李志英:《民国时期中国经济史研究中的环境意识及其成因分析》,《晋阳学刊》,2014 年第 6 期。

林超超:《20 世纪 60 年代中国工业托拉斯的兴起及其体制困境》,《中国经济史研究》,2015 年第 1 期。

刘雪怡:《污染治理与权力转型:近代中国的城市环境问题及其治理》,《求索》,2015 年第 10 期。

卢征良:《从“市场垄断”到“经济自卫”:近代中国水泥业同业联营问题浅探》,《中国社会经济史研究》,2011 年第 2 期。

齐春风:《匹夫有责抑或勉为其难:商人与济案后的抵制日货运动》,《南京师范大学学报》(社会科学版),2012 年第 3 期。

仝群旺、王金连:《自利与爱国:国货运动中民族企业家

行为与心态分析》,《历史教学》,2010 年第 22 期。

王方中:《1925—1937 年间民族工矿业与航运业中的联营活动》,《近代史研究》,1992 年第 1 期。

邬见明:《禾丰造纸公司的创立与发展:褚辅成先生实业救国思想的重要实践》,嘉兴市文史研究会、九三学社嘉兴市委会编:《纪念褚辅成诞辰 140 周年学术研讨会论文汇编》,内部发行,2013 年。

徐新吾、沈剑华、陈承庆:《中国近代造纸工业的历史概况与特点》,中国近代经济史丛书编委会编:《中国近代经济史研究资料》第 7 辑,上海:上海社会科学院出版社,1987 年。

张国辉:《从天滦煤矿联营看近代煤矿业发展状况》,《历史研究》,1992 年第 4 期。

张雪南:《一“纸”写春秋》,《浙江日报》,2001 年 6 月 21 日。

周石峰:《1923 年抵制日货运动的经济效果与政治制约》,《贵州师范大学学报》(社会科学版),2010 年第 1 期。

竺士性:《爱国抗日企业家竺梅先》,《新民周刊》,2015 年第 37 期。

邹逸麟:《略论长江三角洲生态环境和经济发展的历史演变及规划策略》,《城市研究》,1998 年第 6 期。

[美]濮德培:《中国环境史研究现状及趋势》,《江汉论坛》,2014 年第 5 期。

[美]约翰·麦克尼尔(J. R. McNeill)著,王晓辉译:《环境史研究现状与回顾》,《全球史评论》,2011 年第 1 期。

（二）著作

《民丰工人》编辑组编：《民丰今昔》，内部资料，1979 年。

北京市环境保护科学研究所编：《水污染防治手册》，上海：上海科学技术出版社，1989 年。

蔡双全：《近代中国实业救国思潮研究》，北京：中国社会科学出版社，2011 年。

曹树基、刘诗古：《传统中国地权结构及其演变》，上海：上海交通大学出版社，2015 年修订版。

曹振宇：《中国染料工业史》，北京：中国轻工业出版社，2009 年。

陈大川：《中国造纸术盛衰史》，台北：中外出版社，1977 年。

陈歆文：《中国近代化学工业史（1860—1949）》，北京：化学工业出版社，2006 年。

杜恂诚：《日本在旧中国的投资》，上海：上海社会科科学院出版社，1986 年。

樊卫国：《民国上海同业公会与企业外部环境研究》，上海：世纪出版集团，2014 年。

方福祥：《嘉兴望族的家族教育》，杭州：浙江人民出版社，2011 年。

范西成、陆保珍：《中国近代工业发展史（1840—1927 年）》，西安：陕西人民出版社，1991 年。

丰箫：《权力与制衡：浙江省嘉兴地区乡镇自治研究（1945—1949）》，北京：商务印书馆，2014 年。

冯筱才：《在商言商：政治变局中的江浙商人》，上海：上

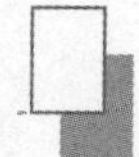

海社会科学院出版社,2004年。

韩昭庆:《荒漠、水系、三角洲:中国环境史的区域研究》,上海:上海科学技术文献出版社,2010年。

黄光壁主编:《中国近现代科学技术史》,长沙:湖南教育出版社,1997年。

黄宣伟编著:《太湖流域规划与综合治理》,北京:中国水利水电出版社,2000年。

嘉兴市计划委员会、嘉兴市国土办公室编:《嘉兴市国土资源》,杭州:杭州大学出版社,1994年。

嘉兴市政协学习和文史资料委员会编:《回眸六十年:嘉兴政协发展和嘉兴建设亲历记》,内部发行,2009年。

蒋其昌等编:《造纸工业环境保护概论》,北京:中国轻工业出版社,1992年。

李敬机编:《稻草麦草制浆造纸工艺》,北京:轻工业出版社,1961年。

梁志平:《水乡之渴:江南水质环境变迁与饮水改良(1840—1980)》,上海:上海交通大学出版社,2014年。

刘翠溶、伊懋可主编:《积渐所至:中国环境史论文集》,台北:"中央研究院"中国文哲研究所筹备处,1995年。

劳嘉葆主编:《造纸工业污染控制与环境保护》,北京:中国轻工业出版社,2000年。

潘吉星:《中国造纸技术史稿》,北京:文物出版社,1979年。

潘吉星:《中国科学技术史》(造纸与印刷卷),北京:科学出版社,2015年。

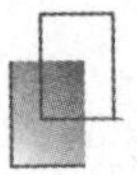

潘君祥主编:《中国近代国货运动》,北京:中国文史出版社,1996年。

阮忠仁:《清末民初农工商机构的设立:政府与经济现代化关系之检讨(1903—1946)》,台北:“国立台湾师范大学”历史研究所,1988年。

宋正:《中国工业化历史经验研究》,大连:东北财经大学出版社,2013年。

孙德智、张立秋等编著:《制浆造纸行业全过程降污减排技术与评估方法》,北京:中国环境科学出版社,2012年。

田兴荣:《北四行联营研究:1921—1952年》,上海:上海远东出版社,2015年。

王建革:《江南环境史研究》,北京:科学出版社,2016年。

王天松、尤裕森编:《褚辅成文存》,北京:中国文史出版社,2011年。

王天松编:《褚辅成年谱长编》,北京:中国文史出版社,2011年。

王天松编:《褚辅成文存摭补》,上海:上海辞书出版社,2011年。

王彦君:《浙江科学技术史》(民国卷),杭州:浙江大学出版社,2014年。

魏文享:《中间组织:近代工商同业公会研究(1918—1949)》,武汉:华中师范大学出版社,2007年。

吴俊范:《水乡聚落:太湖以东家园生态史研究》,上海:上海古籍出版社,2016年。

夏明方:《民国时期自然灾害与乡村社会》,北京:中华书

局,2000年。

熊月之主编:《上海通史》,上海:上海人民出版社,1999年。

徐新吾、黄汉民主编:《上海近代工业史》,上海:上海社会科学院出版社,1998年。

徐新吾主编:《中国近代造纸工业史》,上海:上海社会科学院出版社,1989年。

许金生:《近代上海日资工业史(1884—1937)》,上海:学林出版社,2009年。

薛家煜:《寻找东栅》,上海:上海辞书出版社,2009年。

薛家煜编撰:《图说东栅》,嘉兴:吴越电子音像出版社,2016年。

严国海:《中国近代国货名牌的创立》,上海:立信会计出版社,2000年。

虞伟编:《中国环境保护公众参与:基于嘉兴模式的研究》,北京:中国环境出版社,2015年。

造纸工业碱回收编写组:《造纸工业碱回收》,北京:轻工业出版社,1977年。

张根福、冯贤亮、岳钦韬:《太湖流域人口与生态环境的变迁及社会影响研究(1851—2005)》,上海:复旦大学出版社,2014年。

张泰山:《民国时期的传染病与社会——以传染病防治与公共卫生建设为中心》,北京:社会科学文献出版社,2008年。

郑瑾:《杭州西湖治理史研究》,杭州:浙江大学出版社,

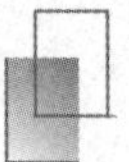

2010 年。

祝慈寿:《中国近代工业史》,重庆:重庆出版社,1989 年。

祝慈寿:《中国工业技术史》,重庆:重庆出版社,1995 年。

中共嘉兴市委党史研究室:《中共嘉兴党史(1921—1949)》,北京:中共党史出版社,2001 年。

中共嘉兴市委党史资料征集研究委员会编:《嘉兴党史专题选集:烟雨风云》,北京:中共党史出版社,1991 年。

朱信泉、严如平主编:《民国人物传》(第四卷),北京:中华书局,1984 年。

[澳大利亚]彼得·布林布尔科姆,启蒙编译所译:《大雾霾:中世纪以来的伦敦空气污染史》,上海:上海社会科学院出版社,2016 年。

[澳大利亚]杰弗里·博尔顿著,杨长云译:《破坏和破坏者:澳大利亚环境史》,北京:中国环境科学出版社,2012 年。

[德]佩特拉·多布娜著,强朝晖译:《水的政治:关于全球治理的政治理论、实践与批判》,北京:社会科学文献出版社,2011 年。

[法]白吉尔著,张富强、许世芬译:《中国资产阶级的黄金时代》(1911—1937 年),上海:上海人民出版社,1994 年。

[美]B. J. 内贝尔著,范淑琴等译:《环境科学:世界存在与发展的途径》,北京:科学出版社,1987 年。

[美]布雷特·雷·沃克著,徐军译:《毒岛:日本工业病史》,北京:中国环境科学出版社,2012 年。

[美]蕾切尔·卡逊著,吕瑞兰译:《寂静的春天》,北京:科学出版社,1979 年。

［美］马克·乔克著，于君译：《莱茵河：一部生态传记(1815—2000)》，北京：中国环境科学出版社，2011年。

［美］马立博著，关永强、高丽洁译：《中国环境史：从史前到现代》，北京：中国人民大学出版社，2015年。

［美］约翰·麦克尼尔著，韩莉、韩晓雯译：《阳光下的新事物：20世纪世界环境史》，北京：商务印书馆，2013年。

［英］布雷恩·威廉·克拉普著，王黎译：《工业革命以来的英国环境史》，北京：中国环境科学出版社，2011年。

［英］伊懋可著，梅雪芹、毛利霞、王玉山译：《大象的退却：一部中国环境史》，南京：江苏人民出版社，2013年。

［英］C. 辛格等主编，王平等译：《技术史》第6卷下《二十世纪(二)》(1900—1950年)，成都：成都科技大学出版社，1995年。

后　记

书稿最初想法源自我的博士论文。2007 年，我有幸接着跟随张伟然先生念博士，在先生指导下，选择长江三角洲的水质环境变迁作为博士论文的研究方向，这促使我开始思考开埠以来江南水质环境变迁的原因及社会应对，并以饮用水问题作为突破口。以博士论文为基础，我先后申请到教育部人文社科基金青年项目(已结项)和上海市哲社基金一般项目，并出版专著《水乡之渴：江南水质环境变迁与饮水改良(1840—1980)》(简称《水乡之渴》)。本书是以上项目的相关研究成果之一。

关于嘉兴禾(民)丰造纸厂"废水风潮"，拙著《水乡之渴》中已有简单的论述，只是限于能力与精力，写得较为简单，甚至还有错误。原来设想再写一篇"废水风潮"文章把它讲得详细一点，然而随着资料查找的深入，发现其中故事极为复杂和曲折，这促使我写一本关于它的小册子，以期能更加深入地反映近代中国工业污染与社会应对的相关问题。

书稿的完成，首先要感谢嘉兴市档案馆、嘉兴市图书馆、民丰特种纸股份有限公司档案室、湖州市档案馆、浙江省档案馆、杭州市档案馆、上海市档案馆等处工作人员的热情帮助，特别是嘉兴市图书馆范笑我、民丰特种纸股份有限公司档案室邬见明

等老师,为我的资料查找提供了极大便利。

以前,我对历史研究进行"田野"调查的意义还缺乏足够的认识,现在发现做近现代地方史研究一定要进行"田野"调查。不过,由于方言障碍,我最初的访谈调研并不成功;幸而,遇到嘉兴地方文史专家薛家煜先生。年近七旬的薛先生是嘉兴东栅人,最近20多年一直致力于东栅文史研究,收集了极为丰富的档案文书、影像照片等,并进行了一系列访谈调查,为东栅保存了难得的口述史记忆。当得知我正在进行民国时期嘉兴禾(民)丰造纸厂"废水风潮"研究后,薛先生不仅告诉我有关"废水风潮"的各种故事、人物关系等,还提供了他收集的"废水风潮"地方性资料,包括部分访谈调研记录。这让我可以更加充分地了解民国时期的东栅社会,从而更加真实地还原民国时期嘉兴禾(民)丰造纸厂"废水风潮"的历史过程。另外,学姐丰箫、学兄岳钦韬在民国嘉兴地方史研究中多有建树,在此也要感谢两位提供相关研究资料。

在书稿写作过程中,我有幸参加了由山西大学历史文化学院、中国人民大学清史研究暨生态史研究中心、中国灾害防御协会灾害史专业委员会主办的"灾害与历史:第一届高级研修班"。在研修班学习中,我汇报了该书的整体思路,承蒙中国地震局地质研究所高建国研究员、中国人民大学夏明方教授和朱浒教授、山西大学郝平教授与周亚副教授等专家提出了诸多指导性的意见与建议,让我知道哪些方面需要完善与加强。同时,也要感谢研修班各位学员的讨论与交流,让我很受启发。

感谢厦门大学李智君教授在学术研究上的鼓励与帮助。我读研之时,学长李智君已经快博士毕业,与之少有交集,后因访学而与学长进一步结缘。学长认真的态度和对学问的执着,让

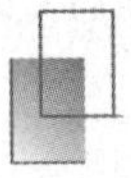

我甚为钦佩。感谢学长在书稿修改过程中提出了诸多建设性的意见。

书稿基本完成后，我曾先后拿出其中部分内容参加了两次相关学术会议。一是2016年11月11、12日在复旦大学举行的“中国灾害防御协会灾害史专业委员会第十三届年会暨江南灾害与社会变迁学术研讨会”，汇报论文《救国与救民：民国工业废水污染与社会应对——基于嘉兴禾（民）丰造纸厂“废水风潮”的研究》（本书结论章），感谢云南大学周琼教授、安庆师范大学张详稳教授、苏州大学王晗副教授的点评；二是2016年12月3、4日在山西大学举行的“第二届中国人口资源环境与社会变迁研讨论会”，汇报论文《饮鸩止渴：民国以来嘉兴禾（民）丰造纸厂“废水灌田”研究》，在会议交流讨论中，台北“中研院”历史语言研究所邱仲麟、张继莹，复旦大学安介生、冯贤亮，上海师范大学钱杭，山西大学赫平、胡英泽、李嘎，上海交通大学李玉尚，青岛大学杜靖等先生提出了许多意见与建议，在此深表感谢。

转眼间，硕士毕业已经十年，但同窗之情一直延续，感谢学友吴俊范、李强、孙景超、郑微微、丁雁南、牟振宇等人与我的日常沟通交流，特别是李强兄随时帮忙解读档案。

感谢学院给予了宽松的学术研究环境，让我能够比较自由地选择研究方向，并将我的研究纳入学院“内涵”建设计划，提供全部出版经费。同时，承蒙浙江师范大学张根福教授提携，将本书纳入其主持的浙江省高校重大人文社科攻关计划项目“一百多年来太湖流域水域环境改造及社会生态影响”（2014GH001）。

博士求学期间，我曾参加了中山大学历史人类学研修班，在学习中汇报“江南水质环境变迁与社会生活”课题研究的状况时，曾被中大师生不断追问社会生活中的“人”。本书应该说在这个方面进行了一些努力，但是限于种种原因，在田野调查、民丰造纸厂内部档案查找等方面做得还很不够，人物写得还是不够丰满，事件过程写得还不够具体，表达有待提高，结论也有待提升。

感谢复旦大学王建革教授为拙著作序。王建革教授是环境史研究专家，近年来致力于江南生态环境问题的研究，成果瞩目。在序言中王老师提出了一系列高屋建瓴的想法，这是我以后努力的方向。

感谢业师张伟然先生为拙著题签，不仅使之骤然增色，而且更是深含期望与鞭策。

最后，感谢合肥工业大学出版社责任编辑为拙著编校做了诸多精细的工作，纠正了不少错漏之处。

当然，限于学识，书中定有纰漏之处，敬请诸位师友批评指正。

梁志平

2017 年春于上海金山

图书在版编目(CIP)数据

救国与救民:民国时期工业废水污染及社会应对——基于嘉兴禾(民)丰造纸厂"废水风潮"的研究/梁志平著.—合肥:合肥工业大学出版社,2017.5

ISBN 978-7-5650-1609-7

Ⅰ.①救… Ⅱ.①梁… Ⅲ.①工业废水处理—研究—嘉兴—民国 Ⅳ.①X703

中国版本图书馆 CIP 数据核字(2017)第 091631 号

救国与救民:民国时期工业废水污染及社会应对

——基于嘉兴禾(民)丰造纸厂"废水风潮"的研究

梁志平 著　　　　责任编辑 章 建

出 版	合肥工业大学出版社	版 次	2017 年 5 月第 1 版
地 址	合肥市屯溪路 193 号	印 次	2017 年 5 月第 1 次印刷
邮 编	230009	开 本	880 毫米×1230 毫米 1/32
电 话	总 编 室:0551-62903038	印 张	8.625
	市场营销部:0551-62903198	字 数	195 千字
网 址	www.hfutpress.com.cn	印 刷	安徽联众印刷有限公司
E-mail	hfutpress@163.com	发 行	全国新华书店

ISBN 978-7-5650-3348-3　　　　定价:36.00 元